2192-21 — CORBEIL. Typ. et stér. CRÉTÉ

Éruption du Vésuve.

SIMPLES ENTRETIENS

SUR

LA PHYSIQUE

ET

LA COSMOGRAPHIE

PAR

Mme I. A. REY

(I. PÉRIER)

TROISIÈME ÉDITION

Ouvrage contenant 68 figures

Ouvrage couronné par la Société pour l'Instruction élémentaire.

PARIS

LIBRAIRIE HACHETTE ET Cie

79, BOULEVARD SAINT-GERMAIN, 79

1881

SIMPLES ENTRETIENS

SUR LA

PHYSIQUE ET LA COSMOGRAPHIE

PRÉFACE

J'avais de jeunes élèves auxquels je voulais donner quelques notions générales de physique; je cherchai un court traité, et je le mis entre leurs mains. Mais, grand embarras : le langage abstrait de la science était pour eux lettre morte; ils n'en comprenaient pas les termes, et le sens leur échappait complétement. A propos d'un mot, et puis d'un autre, j'étais obligée de donner des explications qui m'entraînaient si loin que, quand je revenais au point de départ, on l'avait oublié ou l'on ne s'en souciait plus. Mes élèves ne voyaient pas non plus le but de cette étude; peu leur importait que les corps fussent composés de molécules, qu'ils fussent poreux, compressibles, élastiques, divisibles, etc.; peu leur importait de connaître les lois de leur chute : à quoi bon disaient-ils, et la machine d'Atwood les ennuyait tout particulièrement. Cependant, les enfants sont questionneurs, et la physique, qui donne l'explication des phénomènes de la nature, devait les intéresser, me semblait-il, en satisfaisant une grande partie de leurs curiosités. Il s'agissait donc d'étudier chez eux ces curiosités, de les provoquer s'ils en manquaient, de leur montrer l'objet, le phénomène, de leur en faire chercher et désirer l'explication, pour la leur donner ensuite. C'est ce que j'ai tenté.

J'ai pris le ton familier de la conversation, parce que c'est celui qui m'a paru le mieux convenir aux enfants; parce qu'il m'a servi à couper, pour ménager leur attention, les longues explications; enfin, parce qu'il amène des objections que les enfants peuvent faire, que quelques-uns m'ont faites. Je ne me suis pas servie d'un mot rentrant spécialement dans le domaine de la science, sans l'expliquer au moment où je m'en servais pour la première fois; et je n'ai donné les termes techniques, qu'après avoir fait connaître les objets ou les idées que ces termes représentent.

Je me suis surtout appliquée à montrer les grandes

lois de la nature, celles dans lesquelles toutes les autres sont comprises ; pour y arriver, j'ai commencé par faire observer ces lois dans leur application à des faits que les enfants peuvent vérifier eux-mêmes, et j'ai conclu par les définitions générales de ces lois.

Je n'ai pris dans chaque partie de la physique que ce que j'ai cru pouvoir être compris des enfants, et ce qu'ils sont à même de voir ; j'ai cherché, pour les leur donner en exemple, les choses les plus pratiques ou les plus capables de les intéresser. J'ai joint à ces leçons de physique un peu de cosmographie, l'une de ces sciences me servant à expliquer l'autre, et *vice versâ*. C'est ainsi que, avant de parler des grands courants atmosphériques, j'ai fait connaître le mouvement de la terre autour du soleil ; c'est ainsi que la pesanteur et la force centrifuge m'ont amenée à la loi de la gravitation universelle ; c'est ainsi que le soleil m'a servi de point de départ pour quelques développements sur la lumière et la chaleur.

Ce petit cours de cosmographie est encore plus restreint que celui de physique ; ces leçons ne sont qu'une introduction à des cours plus complets. L'important, me semble-t-il, n'est point de faire entrer beaucoup de choses dans la tête des enfants, mais de les amener à l'observation de tous les faits qui sont à leur portée, de les faire réfléchir, de les intéresser à l'étude, de leur en faire comprendre l'utilité pratique; enfin, d'exciter en eux le désir d'en connaître davantage.

AUX ENFANTS

Mlle Laurence était une bonne personne, qui aimait beaucoup les enfants, en était aimée, et qui jouait souvent avec eux. Elle affectionnait particulièrement Marguerite, une brunette de treize ans, aux yeux bleus, un peu sérieuse, et Jacques, un blondin de onze ans, turbulent, tapageur, un peu raisonneur, voulant tout voir, courant partout et touchant à tout. Il faut vous dire que ces deux enfants étaient fort curieux, et, quand ils causaient avec Mlle Laurence, soit pendant leurs promenades, car ils allaient souvent se promener ensemble, soit au coin du feu, c'étaient, de leur part, des *pourquoi* à n'en plus finir. Bien des personnes, autres que Mlle Laurence, auraient été fatiguées de leurs questions ; mais Mlle Laurence aimait ces enfants, et puis, comme elle savait beaucoup de choses, elle se plaisait aussi à les dire ; tout allait donc pour le mieux. J'ai assisté à quelques-unes de ces causeries, et comme elles m'ont paru très-intéressantes, j'ai prié Mlle Laurence de les écrire pour d'autres enfants qui, comme Marguerite et Jacques, seraient désireux d'avoir des réponses aux *pourquoi* qu'il peuvent s'adresser, à la vue des choses au milieu desquelles ils vivent. Mlle Laurence a fait ce que je lui ai demandé, et ce sont ces entretiens que je vous donne. Seulement, je ne vous conseille pas de lire les derniers avant les premiers, parce que dans les derniers, Mlle Laurence parle de choses dont elle a donné l'explication dans les premiers, et qu'elle n'explique plus, Marguerite et Jacques les connaissant déjà. Pour comprendre tout, vous ferez donc bien de commencer par le commencement et d'aller toujours en suivant. Cela dit, j'espère que vous éprouverez, en lisant ces explications, un peu du plaisir que Marguerite et Jacques avaient en les écoutant.

SIMPLES ENTRETIENS

LA PHYSIQUE ET LA COSMOGRAPHIE

CHAPITRE PREMIER

Phénomènes de la nature.

Ce que Mlle Laurence se propose d'expliquer.

Mlle LAURENCE. — Si nous nous asseyions un peu sur cette mousse, qu'en dites-vous?

MARGUERITE. — Je ne demande pas mieux, Mademoiselle, nous nous reposerons, car nous venons de faire une longue promenade.

Mlle L. — Nous y voici.

MARG. — Quel beau temps! Comme le ciel est bleu!

JACQUES. — Il fait chaud, mais il y a de l'air.

Mlle L. — N'aimeriez-vous pas à savoir d'où vient cet air qui vous rafraîchit et où il va? pourquoi le ciel est bleu aujourd'hui et pourquoi il sera peut-être demain tout couvert de nuages? d'où viennent ces nuages, ce qu'ils sont et où ils vont? pourquoi la rivière que vous apercevez à vos pieds coule toujours sans s'arrêter? pourquoi l'eau en est bleue, tandis qu'elle est sans couleur dans le verre où vous la buvez? pourquoi les fruits mûrs tombent des arbres? pourquoi il y a des orages avec des éclairs et du tonnerre? pourquoi il y a des étés où l'on étouffe de chaleur et des hivers où l'on gèle de froid? pourquoi il y a des jours et des nuits? pourquoi on peut toujours marcher sur la terre sans jamais arriver au bout? pourquoi.....

MARG. — Est-ce qu'on peut savoir toutes ces choses?

Mlle L. — Toutes celles dont je viens de parler, oui, et beaucoup d'autres encore.

MARG. — Voulez-vous nous les dire?

Mlle L. — Je veux bien commencer aujourd'hui, et si cela vous intéresse, je continuerai une autre fois.

JACQUES. — Comment les savez-vous?

Mlle L. — A force de les observer et d'y réfléchir, on a deviné, on a trouvé les causes de toutes ces choses, de tous ces changements qui semblent tout d'abord incompréhensibles et qu'on appelle les *phénomènes de la nature*.

MARG. — Qui est-ce qui les a devinées?

Mlle L. — Beaucoup de personnes ont trouvé quelque chose, chacune s'aidant de ce que les premières et d'autres avaient trouvé déjà, et on a écrit toutes ces découvertes dans des livres qu'on appelle des livres de *physique* et de *cosmographie*.

JACQUES. — Quand il y a dans les livres des mots difficiles que je ne connais pas, comme ceux que vous venez de dire, ces livres m'ennuient.

Mlle L. — Rassurez-vous, je ne prononcerai plus ces mots-là devant vous, jusqu'à ce que vous me demandiez de vous les redire.

JACQUES. — Je ne vous le demanderai jamais.

Mlle L. — Nous verrons.

MARG. — Mademoiselle, pourquoi disiez-vous tout à

l'heure, que si on marchait toujours sur la terre sans s'arrêter, on n'arriverait jamais au bout? Est-ce parce qu'elle est trop grande?

Mlle L. — Ce n'est pas cela, je vais vous le dire; mais voici le soleil qui vient nous trouver et qui nous gêne. changeons de place, allons à l'ombre de cet arbre qui est à côté, nous serons encore mieux qu'ici, et nous causerons.

CHAPITRE II

La Terre.

L'horizon. — Forme de la terre. — Preuves que la terre est ronde. — Surface de la terre. — Océans. — Continents. — Intérieur de la terre. — Tremblements de terre. — Montagnes. — Volcans.

Mlle LAURENCE. — Hier, quand nous étions au village que nous apercevons là-bas, et que de ce village nous regardions cette colline sur laquelle nous sommes si bien en ce moment, cette colline nous paraissait être la fin du monde, nous ne voyions rien au delà que le ciel, et aujourd'hui que nous y voilà, nous nous y trouvons entourés de champs, de prés, de terrains enfin, tout aussi bien que quand nous étions près du village; et si nous allions à présent, n'importe de quel côté, à travers ces nouveaux champs qui sont autour de nous, jusqu'où il nous semble d'ici qu'il n'y a plus rien, quand nous y serions arrivés, nous nous trouverions encore entourés de champs, de prés, de terrains enfin, tout comme ici, et toujours ainsi, toutes les fois qu'on est en rase campagne, il semble toujours que la terre ait la forme d'un rond, d'un cercle, et qu'on soit au milieu de ce rond dont les

bords s'appellent l'*horizon*. On a beau faire du chemin, on
ne peut jamais s'approcher de cet horizon qui s'éloigne
ou plutôt qui change, au fur et à mesure que l'on marche.

Si vous voulez, demain, nous prendrons une voiture et
nous irons tout là-bas, sur cette montagne, la plus éloignée
qui forme notre horizon ici, et vous verrez que quand
nous y serons, nous aurons un nouvel horizon qui sera
rond comme celui-ci.

MARG. — On a donc toujours autour de soi un horizon
rond?

Mlle L. — Lorsqu'on a tout près devant soi un mur ou
une maison, ou des arbres, ou même une montagne, il est
bien évident que de ce côté-là, ce mur ou cette maison,
ou ces arbres, ou cette montagne, arrête la vue et empêche de voir l'horizon qui est derrière, de même qu'un
rideau empêche de voir ce qu'il y a de l'autre côté du
rideau; mais en rase campagne, où nul obstacle n'empêche de voir, on a toujours un horizon rond, et cet horizon
est d'autant plus grand que le lieu où l'on se trouve est
plus élevé; ainsi, quand on est dans une plaine, on ne
voit pas une grande étendue autour de soi; mais si l'on
va sur une montagne, à mi-côte, l'horizon est déjà plus
grand, et quand on arrive sur le sommet de la montagne, l'horizon devient plus grand encore, et il est toujours rond (*fig.* 1).

MARG. — C'est incompréhensible.

Mlle L. — Pas du tout, quand on pense que la terre est
ronde.

JACQUES. — La terre est ronde?

Mlle L. — Comme une boule.

JACQUES. — Mais les montagnes et les vallées l'empêchent bien d'être ronde comme une boule, ou alors, c'est
une boule toute bosselée?

Mlle L. — La terre est si grosse en comparaison des montagnes, que les montagnes et les vallées ne font pas plus de bosses ni de creux sur la terre, et ne l'empêchent pas plus d'être ronde, que les petites rides qui se trouvent sur la peau d'une orange n'empêchent l'orange d'être ronde.

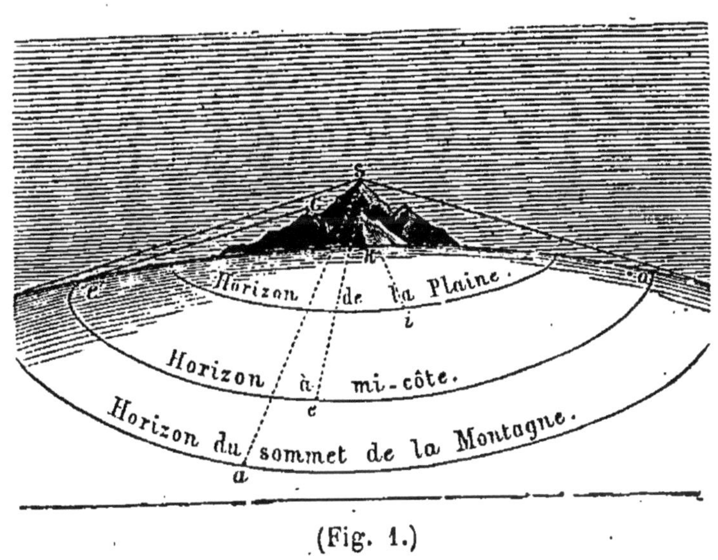

(Fig. 1.)

MARG. — Mais comment sait-on que la terre est ronde?

Mlle L. — D'abord cet horizon rond le fait croire. Nous sommes comme une fourmi sur une orange : la fourmi, à cause de sa petite taille, ne voit à la fois qu'un petit morceau de l'orange, et ce petit morceau, au milieu duquel elle se trouve, est rond; si la fourmi se met à marcher, n'importe de quel côté elle se dirige, son horizon sur l'orange change aussi; à mesure qu'elle marche, elle voit un nouveau morceau de l'orange; mais ce morceau qu'elle voit est toujours rond, parce que l'orange est ronde; la fourmi peut ainsi faire le tour de l'orange et revenir au point d'où elle est partie. De même, nous sommes si petits, en comparaison de la terre, que nous ne pouvons voir à la fois qu'un petit morceau de cette terre, et ce morceau est rond, parce que la terre est ronde. Voilà pourquoi nous pourrions marcher toujours, sans jamais trouver de bout à la terre; des voyageurs en ont fait le tour et sont revenus au point d'où ils étaient partis. Il y a encore d'autres observations qui prouvent très-bien que la terre est ronde.

MARG. — Quelles observations?

Mlle L. — Avez-vous vu partir des navires (*fig.* 2)?

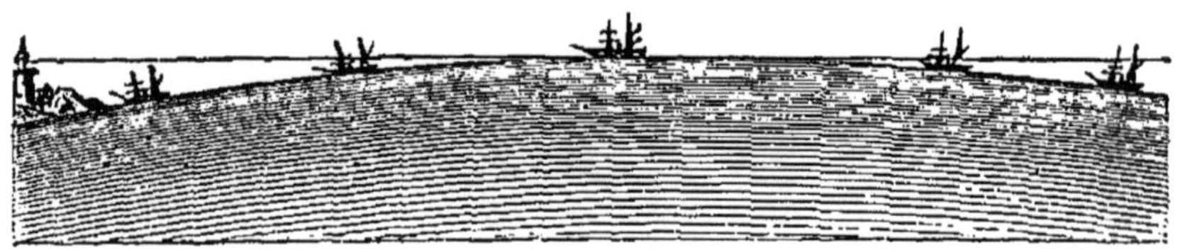

(Fig. 2.)

MARG. — Oui, Mademoiselle.

Mlle L. — Eh bien! vous avez vu disparaître les voiles longtemps après que le pont du navire avait disparu à vos yeux?

JACQUES. — C'est vrai; pourquoi?

Mlle L. — Donnez-moi votre ballon, et faites vite avec ce papier un tout petit bateau. Est-ce fait? Très-bien. Donnez. Voyez, je plante avec une épingle, dans le petit bateau, une feuille de rose en guise de voile. Voici notre navire prêt à partir, regardez. Je le fais glisser sur le ballon. A mesure qu'il s'éloigne, le fond du bateau disparaît le premier, puis le pont, puis la voile. Qu'est-ce qui produit cet effet? — La rondeur du ballon.

De même, lorsque vous avez vu un grand navire glisser sur l'Océan, si cet Océan avait été plat, vous auriez aperçu le navire tout entier, aussi longtemps que vos yeux vous auraient permis de le distinguer; mais il n'en a pas été ainsi : tandis que vos yeux vous auraient encore permis de le voir, la rondeur de l'Océan vous cachait déjà le pont, et les voiles disparaissaient les dernières, comme la voile rose de notre petit bateau blanc.

MARG. — Mais l'Océan, ce n'est pas la terre?

Mlle L. — L'eau des mers couvre une grande partie de la surface de la terre et ne fait qu'un avec elle. Tenez, en appuyant le doigt sur votre ballon de caoutchouc, j'y fais un creux : supposez ce creux plein d'eau, cette eau représentera une mer sur le ballon, et elle n'empêchera pas le ballon d'être rond. L'eau des mers n'empêche pas davantage la terre d'être ronde.

MARG. — Elle est bien grande la terre?

Mlle L. — Trois ou quatre villes, à peu près une cinquantaine de petits villages, avec tous les champs qui entourent chacun de ces villages, et qu'on est obligé de traverser pour aller d'un village à l'autre, forment à peu près un département. Il y a aujourd'hui en France 86 départements de la même grandeur environ. Si vous avez voyagé d'un bout de la France à l'autre, vous pouvez vous faire une idée de son étendue dans tous les sens. Eh bien, il faudrait à peu près l'étendue de mille Frances pour couvrir la surface de la terre.

Les trois quarts de cette surface de la terre sont couverts par des mers. Supposez que je coupe en deux moitiés votre petite balle élastique creuse, et que j'en étale ces deux moitiés pour dessiner l'image que voici (*fig.* 3) : Sur l'une des moitiés vous voyez beaucoup de gris sur lequel sont écrits : Europe, Asie, Afrique, Amérique; ce sont des continents, c'est-à-dire de grandes étendues de terre; tandis que tout ce qui est blanc représente de l'eau. Quand j'aurai ainsi marqué, sur votre balle, les terres avec une couleur, et les mers avec une autre, je rapprocherai les bords des deux moitiés de la balle, et je les recollerai en rendant à la balle sa première forme.

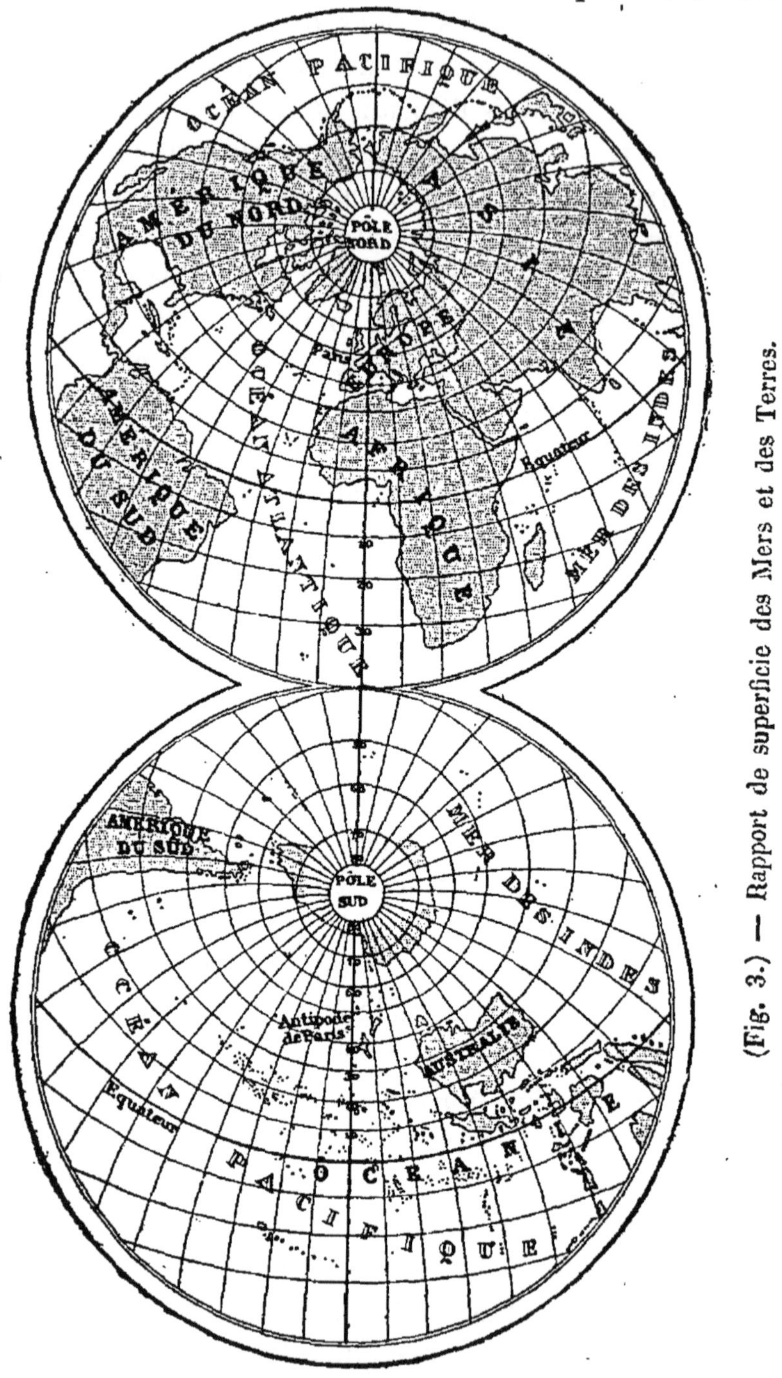

(Fig. 3.) — Rapport de superficie des Mers et des Terres.

Vous aurez ainsi une balle qui représentera le globe de la

terre, en miniature, et qui vous donnera une idée de la superficie ou étendue des terres, par rapport à la superficie ou étendue des mers.

JACQUES. — Et dans la terre, au milieu de la terre, qu'y a-t-il?

Mlle L. — On croit qu'il y a des métaux fondus par une grande chaleur qui brûle sous nos pieds; ces métaux et toutes sortes d'autres matières bouillantes ou enflammées ont soulevé dans certains endroits la croûte de la terre, et en la soulevant ont produit les montagnes. Vous pensez bien que ces choses-là ne sont pas arrivées sans qu'il y ait eu d'effroyables tremblements de terre. Dans d'autres endroits, ces matières enflammées ont non-seulement soulevé la croûte de la terre, mais elles l'ont fait éclater, et sont sorties par ces ouvertures qu'elles se sont faites. Ces montagnes, d'où jaillit du feu, s'appellent des volcans; il y a, par exemple, en Italie, le mont Vésuve qui a eu déjà cinquante-deux éruptions connues, c'est-à-dire qu'il a lancé cinquante-deux fois du feu, sans compter toutes les fois qu'il a pu en lancer avant, et qu'on ne sait pas. A la première éruption que l'on connaisse, c'est-à-dire en l'an 79, il y a par conséquent près de mille huit cents ans, ce volcan détruisit plusieurs villes; sa dernière éruption eut lieu dernièrement, vous en avez probablement entendu parler. Une personne qui se trouvait près de là, au mois d'avril 1872, disait qu'elle avait entendu des rugissements formidables, un peu semblables aux mugissements d'une locomotive qui serait passée à côté d'elle. Le sol s'est ébranlé, un gouffre s'est ouvert sur les flancs de la montagne, et de cette bouche énorme s'est élancée, avec une violence extraordinaire, une colonne de feu et de fumée qui a couvert, jusqu'à une grande distance, toutes les terres environnantes. Un grand nombre de personnes ont été tuées ou blessées, et pendant plusieurs jours l'éruption du volcan a continué ses ravages.

En France, dans l'Auvergne, il y a plusieurs montagnes qui ont autrefois lancé des matières enflammées; maintenant, ces volcans-là sont éteints.

MARG. — Mais on devrait craindre de creuser la terre, puisqu'il y a ainsi du feu dedans?

Mlle L. — On croit qu'on pourrait creuser jusqu'à une profondeur de dix lieues environ, sans rencontrer de feu; mais on ne creuse jamais tant que cela.

MARG. — C'est égal, c'est effrayant de penser qu'on peut être réveillé un jour par un tremblement de terre, et qu'on peut recevoir sur soi une pluie de feu.

Mlle L. — Il y a bien longtemps qu'on n'a pas eu de tremblements de terre en France, et je crois que vous pouvez dormir tranquille maintenant. Comparable à cette pellicule, c'est-à-dire à cette peau mince qui se forme sur une bouillie, et qui s'épaissit à mesure que la bouillie se refroidit, on croit que la croûte de la terre va toujours s'épaississant peu à peu avec le temps, en se refroidissant [1].

CHAPITRE III
Le jour et la nuit.

Comment la terre tourne sur elle-même. — Objections. — Comment ce mouvement de la terre amène le jour et la nuit.

Mlle LAURENCE. — Je vais vous dire, mes petits amis, une chose qui vous surprendra beaucoup, j'en suis sûre; c'est que, pendant que nous causons ici et que vous vous

1. Voir la note ajoutée sur ce sujet à la fin du volume.

croyez bien tranquilles, nous sommes en train de faire ensemble un grand voyage. Je vous vois sourire et vous croyez peut-être que je plaisante? Eh bien, pas du tout; nous nous en allons dans l'espace, comme ces ballons que nous avons vus sortir de Paris pendant le siége; la terre sur laquelle nous sommes est comme un ballon rond qui se promène éternellement dans le ciel, en y promenant tous ses habitants avec elle.

MARGUERITE. — Oh! Mademoiselle, si la terre bougeait comme vous le dites, nous le sentirions bien, puisque nous sommes dessus, et nous le verrions bien aussi; mais nous ne sentons rien et nous ne voyons rien.

Mlle L. — D'abord, si nous ne sentons pas la terre bouger sous nos pieds, c'est que la terre, ne roulant que sur l'air, n'est point cahotée, comme nous le sommes dans une voiture dont les roues frottent et se heurtent contre des pavés, des cailloux ou des ornières. Quand nous voyageons en chemin de fer, nous sentons bien moins le mouvement que dans une voiture, quoique le train aille beaucoup plus vite; mais les roues des wagons glissent sur des rails bien unis, c'est pourquoi nous n'avons pas autant de secousses qu'en voiture. Les personnes qui ont été en ballon disent qu'on ne sent pas du tout le mouvement du ballon; en fermant les yeux, on se croirait immobile; mais en regardant la terre, on voit qu'on s'en éloigne si l'on monte, ou qu'on s'en rapproche si l'on descend. Eh bien, pour le mouvement de la terre, c'est la même chose; on ne le sent pas, mais on le voit.

MARG. — On le voit?

Mlle L. — Comme on voit le mouvement du ballon en regardant la terre, de même on voit le mouvement de la terre en regardant certaines étoiles dont nous nous éloignons pour nous en rapprocher ensuite.

JACQUES. — Et où allons-nous?

Mlle L. — D'abord nous tournons, parce que la terre sur laquelle nous sommes tourne comme une toupie devant le soleil.

MARG. — La terre tourne?

Mlle L. — Oui, Marguerite, la terre tourne, et c'est pour cela que nous avons le jour et la nuit.

MARG. — Je ne comprends pas.

Mlle L. — Je vais vous l'expliquer. Donnez-moi une orange et une bougie allumée. — Bien, merci. L'orange représentera la terre, et la bougie allumée figurera le soleil. Pour faire tourner plus facilement l'orange, je fais passer au milieu une aiguille de bas que je roule entre mes doigts. Maintenant, regardez : je mets l'orange devant la bougie ; que voyez-vous? Une moitié de l'orange est éclairée ; l'autre moitié est dans l'ombre. C'est ainsi qu'une moitié de la terre est éclairée par le soleil et a le *jour*, tandis que l'autre moitié est dans l'ombre et a la *nuit*. Mais pendant que je fais tourner mon orange, vous voyez que la moitié qui était éclairée entre à son tour dans l'ombre, tandis que la moitié qui était dans l'ombre s'éclaire peu à peu, à mesure que je tourne. La terre tourne ainsi devant le soleil, et nous qui sommes sur la terre, nous avons le jour quand nous sommes en face du soleil, et la nuit quand nous sommes de l'autre côté (*fig.* 4).

MARG. — Tournons-nous vite?

Mlle L. — Nous mettons 24 heures, c'est-à-dire un jour et une nuit, pour faire un tour. Le matin, nous commençons à voir le soleil, puis nous passons devant lui, et le soir, quand la nuit vient, c'est que nous entrons dans l'ombre en tournant de l'autre côté ; nous tournons ainsi dans l'ombre jusqu'au lendemain matin ; alors nous re-

voyons le jour et nous recommençons à passer devant
le soleil comme la veille, et toujours ainsi. Ce mouvement de la terre qui tourne sur elle-même, est appelé
mouvement de *rotation*, ce qui veut dire que la terre
tourne comme une *roue*.

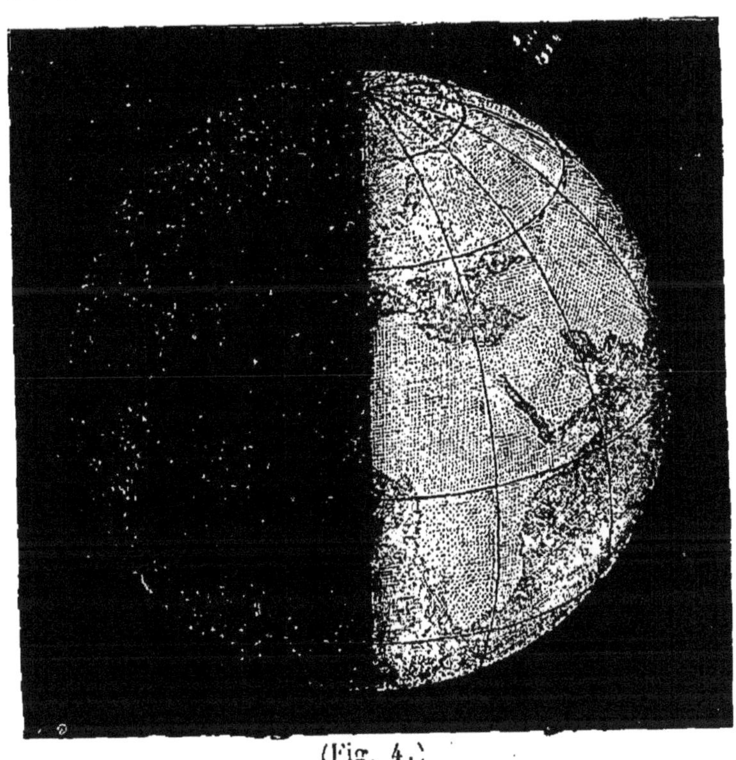

(Fig. 4.)

MARG. — Alors, ce qui fait le jour, c'est le soleil qui
nous éclaire, comme cette bougie éclaire une moitié de
cette orange?

Mlle L. — C'est cela.

MARG. — Cependant, il y a bien des jours où l'on ne
voit pas le soleil?

Mlle L. — On ne voit pas le soleil éblouissant, lorsque
des nuages viennent se mettre entre lui et nous, parce que
ces nuages arrêtent une partie des rayons du soleil; mais

le soleil n'en est pas moins là, voilé, il est vrai, par ces nuages, mais encore assez lumineux pour nous donner le jour; de même une lampe, placée derrière des flots de mousseline, donnerait encore de la clarté dans une chambre, sans laisser voir sa flamme.

CHAPITRE IV

Le jour et la nuit.

(Suite.)

Nouvelle objection au mouvement de la terre. — Galilée. — Vitesse qu'il faudrait au soleil et aux étoiles pour tourner autour de la terre. — Arbres qui semblent courir. — Points cardinaux.

JACQUES. — Mademoiselle, depuis que vous nous avez expliqué le jour et la nuit, j'ai pensé à une chose.

Mlle LAURENCE. — A quoi avez-vous pensé, Jacques?

JACQUES. — Vous nous avez dit que nous avons le jour et la nuit, parce que la terre tourne devant le soleil?

Mlle L. — Je croyais vous l'avoir bien expliqué. Est-ce que vous n'avez pas compris?

JACQUES. — J'ai bien compris tout ce que vous nous avez dit; mais depuis, j'ai beaucoup regardé le soleil, et j'ai vu que le soleil marche.

Mlle L. — Vous avez vu que le soleil marche?

JACQUES. — Oui, Mademoiselle. Le matin, je l'ai vu d'un côté; tenez, là-bas, à ma droite, vers l'horizon; à midi, il était au-dessus de ma tête, et puis ensuite il s'est avancé de l'autre côté de l'horizon. Alors il a disparu là-bas, à gauche, et en disparaissant il semblait descendre sous la terre.

Mlle L. — Est-ce là tout ce que vous avez vu?

JACQUES. — Oui, Mademoiselle, mais j'en suis sûr.

Mlle L. — Eh bien, qu'en pensez-vous?

JACQUES. — Je pense que le soleil me fait tout l'effet de tourner autour de la terre, et que s'il tournait autour de la terre, nous pourrions bien avoir le jour quand le soleil passe devant nous, et la nuit pendant que le soleil passe de l'autre côté de la terre. De cette façon, nous n'aurions pas besoin de tourner nous-mêmes, pour avoir le jour et la nuit.

Mlle L. — Vous avez très-bien fait d'observer le soleil, et ce que vous venez de me dire, beaucoup de savants l'ont autrefois pensé comme vous. On a cru pendant fort longtemps que le soleil tournait autour de la terre. Tous les savants en étaient si convaincus, que lorsqu'un autre plus grand savant, nommé Galilée, voulut démontrer que le soleil ne tourne pas autour de la terre, et que la terre tourne sur elle-même, on déclara que ses observations étaient absurdes, et on le persécuta, plutôt que de chercher comme lui à découvrir la vérité. On le mit en prison et on le força à dire qu'il s'était trompé; mais à peine lui eut-on arraché ces paroles, qu'il s'en indigna et s'écria, en frappant du pied la terre : « Et pourtant elle tourne! »

En effet, le soleil est à une si grande distance de la terre, que, pour tourner autour de la terre à cette distance, il serait obligé de faire une ronde plus longue que 900 millions de kilomètres, et comme chaque jour à midi le soleil est revenu au-dessus de notre tête, il ferait donc ces 900 millions de kilomètres en 24 heures? ce qui lui ferait une vitesse de près de 38 millions de kilomètres par heure !

Autre raison : il n'y a pas que le soleil qui semble tourner autour de la terre; un nombre infini d'étoiles semblent aussi tourner autour de la terre en 24 heures

Parmi ces étoiles, les unes sont beaucoup plus loin de nous que le soleil; il faudrait donc que ces étoiles-là allassent encore plus vite que le soleil, pour faire leur tour; d'autres, qui sont plus rapprochées, devraient aller moins vite, pour arriver en même temps. Ces vitesses effrayantes et diverses ne sont guère vraisemblables, et il est plus probable que c'est nous qui tournons avec la terre en 24 heures, et que pendant ce temps nous voyons tous ces astres qui semblent défiler devant nous.

JACQUES. — Cependant, pourquoi ai-je vu le soleil aller d'un bord de l'horizon à l'autre?

Mlle L. — Quand vous avez été en chemin de fer, avez-vous remarqué sur une route des arbres qui semblaient accourir au-devant de vous? Cependant ces arbres restaient bien à leur place, c'est le wagon dans lequel vous étiez qui courait. De même, quand vous avez cru voir le soleil s'avancer d'un côté, c'est la terre qui allait au-devant de lui. Ce côté de l'horizon d'où le soleil semble venir le matin comme en se levant, s'appelle le *Levant*, et encore l'*Est* ou l'*Orient;* tandis que le côté de l'horizon où le soleil semble descendre le soir pour se coucher, s'appelle le *Couchant*, et encore l'*Ouest* ou l'*Occident.*

Quand on a le Levant à sa droite et le Couchant à sa gauche, le point de l'horizon qu'on a juste devant soi s'appelle le *Nord*, et encore le *Septentrion;* tandis que le point de l'horizon qu'on a juste derrière soi s'appelle le *Sud* et encore le *Midi.*

On désigne ces quatre points de l'horizon sous le nom de *points cardinaux.*

CHAPITRE V

Le Soleil.

Son volume. — Sa distance de la terre. — Sa chaleur. — Axe, pôles,
équateur de la terre. — Mouvement de la terre autour du soleil. —
Les saisons.

MARGUERITE. — Le soleil est-il bien loin de nous?

Mlle LAURENCE. — Si loin, si loin, qu'une locomotive
qui ferait 8 lieues par heure mettrait, sans s'arrêter,
500 ans pour aller de la terre jusqu'à lui.

MARG. — Comment se fait-il que nous le voyions, puisqu'il est si loin?

Mlle L. — C'est qu'il est extrêmement gros; son volume, c'est-à-dire sa grosseur, est environ 1,400,000 fois
plus considérable que le volume de la terre. Pour vous en
donner une idée, je vous dirai qu'un grand ballon rond
qui, en touchant terre, atteindrait le deuxième étage d'une
maison, serait à peu près 1,400,000 fois plus gros qu'une
orange; figurez-vous donc ce que peut être un globe
1,400,000 fois plus gros que la terre, laquelle vous paraît
déjà si grande. Pour vous donner encore une idée de cette
grosseur du soleil, voici une autre comparaison : si on
plaçait la terre au centre du soleil, comme un noyau au
milieu d'un fruit, la distance de 96,000 lieues qui nous
sépare de la lune serait comprise dans l'intérieur de ce
fruit; la lune elle-même se trouverait dans le fruit, comme
un pépin, et, de ce pépin à la peau du fruit, c'est-à-dire
de la lune à la surface du soleil, il y aurait encore une
distance de 80,000 lieues!

MARG. — Il ne nous paraît pas cependant si gros.

Mlle L. — C'est à cause de son éloignement de la terre qu'il ne nous paraît pas ce qu'il est ; vous savez bien que plus les objets sont loin, plus ils paraissent petits. Si vous êtes jamais montée sur une haute tour, vous avez pu voir d'en haut que les hommes, au pied de la tour, ne semblaient guère plus grands que des enfants. Lorsqu'on voit gonfler un ballon destiné à porter des hommes dans une nacelle, ce ballon, prêt à partir, paraît monstre ; il est gros comme une maison ; puis, à mesure qu'il s'élève, on le voit de moins en moins gros. Au bout de peu de temps, il ne paraît plus guère que comme le ballon avec lequel vous jouez, et ensuite il semble aussi petit que votre balle élastique ; enfin, s'il continue à monter, il devient comme un petit point noir, et l'on finit par ne plus le distinguer du tout.

JACQUES. — Comment peut-on savoir que le soleil soit si gros et si loin de la terre ?

Mlle L. — Par des moyens qui seraient peut-être un peu difficiles à comprendre pour vous, maintenant. Plus tard, quand vous serez un peu plus âgé, vous vous rendrez compte de la manière dont on a pu calculer le volume du soleil et sa distance de la terre ; vous pourrez même faire ces calculs vous-même et vous convaincre de leur exactitude.

MARG. — Le soleil est donc bien chaud, puisqu'il nous chauffe encore, quoique nous soyons si loin de lui ?

Mlle L. — Vous savez que plus un feu est gros, plus il chauffe. Figurez-vous le soleil, gros comme il est (1,400,000 fois plus gros que la terre), enveloppé par un feu de charbon de terre, lequel feu, tout embrasé, tout rouge, aurait sept lieues d'épaisseur tout autour du soleil ; la chaleur de ce feu serait à peu près celle que donne le soleil.

JACQUES. — Qu'est-ce qui fait l'hiver et l'été?

Mlle L. — Le voyage de la terre autour du soleil.

JACQUES. — Comment?

Mlle L. — Ne vous ai-je pas dit que la terre est comme un ballon rond qui se promène éternellement dans le ciel, en promenant tous ses habitants avec elle?

JACQUES. — Vous nous avez dit que la terre tourne comme une toupie devant le soleil, et vous nous avez montré comment cela fait le jour et la nuit [1].

Mlle L. — Eh bien, tout en tournant sur elle-même comme une toupie, la terre tourne aussi autour du soleil; elle a deux mouvements, comme un valseur qui, en tournant sur lui-même, tourne en même temps autour d'un salon.

JACQUES. — Mais comment cela peut-il faire l'été et l'hiver?

Mlle L. — Vous allez voir. Prenons encore notre bougie et notre orange. La bougie est le soleil, l'orange représente la terre. Je passe encore mon aiguille de bas au milieu de l'orange, et je fais tourner l'orange.

(Fig. 5.)

Sachez d'abord que, sur la terre, on appelle *axe* (*fig.* 5) une ligne qui traverserait la terre comme mon aiguille de bas traverse l'orange en passant par son centre, c'est-à-dire par son milieu. On appelle *pôle nord* le point par où, sur l'orange, l'aiguille sort par en haut, et *pôle sud* le point par où l'aiguille sort par en bas. On nomme

---

1. Voir les deux chapitres précédents.

équateur cette partie où le couteau passerait dans l'orange, si on coupait ce fruit en deux, comme on coupe un citron pour en presser le jus dans son assiette, avec chacune des deux moitiés.

Maintenant regardez : je tiens l'aiguille un peu inclinée, c'est-à-dire penchée, devant la bougie ; je la tiendrai toujours inclinée de même, dans la même direction, en faisant tourner l'orange, parce que c'est ainsi que l'*axe* de la terre est incliné vers le soleil, toujours dans la même direction.

Quand je tiens l'orange à ma droite, remarquez une chose : à cause de la manière dont je tiens l'aiguille *inclinée* vers la bougie, le pôle nord est éclairé, par conséquent chauffé, tandis que le pôle sud est dans l'ombre. Alors, la moitié de la terre, depuis le pôle nord jusqu'à l'équateur, a l'été, tandis que l'autre moitié, depuis l'équateur jusqu'au pôle sud, a l'hiver ; cela dure trois mois, du 21 juin au 21 septembre.

Quand je fais passer l'orange entre la bougie et moi, pour ramener l'orange à ma gauche, le pôle nord entre peu à peu dans l'ombre, et le pôle sud entre peu à peu dans la lumière ; c'est l'automne pour la moitié de la terre située au nord de l'équateur, et c'est en même temps le printemps pour l'autre moitié de la terre. Cela dure du 21 septembre au 21 décembre.

Je continue à faire tourner l'orange. Quand elle est à ma gauche, que voyez-vous ? — C'est le pôle sud qui est éclairé et chauffé, tandis que le pôle nord est dans l'ombre. C'est alors l'été pour la moitié de la terre au sud de l'équateur, et c'est l'hiver pour l'autre moitié. Cela dure du 21 décembre au 21 mars.

Enfin, j'achève le tour de l'orange autour de la bougie, en ramenant l'orange à ma droite. Pendant que l'orange passe ainsi à ma droite, que voyez-vous ? — Le pôle nord s'éclaire peu à peu, tandis que le pôle sud entre peu à peu dans l'ombre. C'est le printemps pour la moitié de la terre au nord de l'équateur, et c'est l'automne pour l'autre moitié. Cela dure du 21 mars au 21 juin.

Quand la terre a fini un tour, elle en recommence un autre, sans s'arrêter, et toujours ainsi. Voilà pourquoi nous avons trois mois de printemps, trois mois d'été, trois mois d'automne et trois mois d'hiver. La terre met donc douze mois, c'est-à-dire un an, pour faire un tour autour du soleil. On appelle ce voyage-là, le mouvement de *révolution* de la terre autour du soleil, tandis que le mouvement par lequel la terre tourne sur elle-même, comme une toupie, s'appelle, ainsi que je vous l'ai déjà dit, son mouvement de *rotation.*

MARG. — C'est le mouvement de *rotation* de la terre qui nous donne le jour et la nuit?

Mlle L. — Oui, et c'est son mouvement de *révolution,* tel que je vous l'ai indiqué, avec l'axe *incliné,* qui est la cause des saisons.

MARG. — Mais, Mademoiselle, quand vous inclinez l'aiguille devant la bougie, en faisant tourner l'orange comme une toupie, il y a un des pôles qui n'a pas de nuit et l'autre qui n'a pas de jour?

Mlle L. — C'est qu'en effet, aux pôles mêmes, il fait jour pendant tout l'été, et il fait nuit pendant tout l'hiver. Plus on habite près des pôles, plus les jours sont longs en été, et plus ils sont courts en hiver. A mesure qu'on s'avance vers l'équateur, la durée des jours devient plus égale à la durée des nuits. A l'équateur même, les jours sont toujours de 12 heures et les nuits de 12 heures. Vous voyez que l'équateur est toujours éclairé; c'est la partie la plus chaude du globe; là, on a toujours l'été. Regardez bien l'orange devant la bougie, et voyez comment se répand la lumière.

Marg. — Comment sait-on que la terre tourne comme cette orange, toujours dans la même direction inclinée de cette aiguille ?

Mlle L. — Ce sont justement les saisons qui le prouvent. Si l'*axe* de la terre n'était pas incliné, le soleil éclairerait toujours la terre partout de même, d'un pôle à l'autre ; par conséquent, il n'y aurait qu'une saison pour toute la terre, et les jours seraient partout de la même longueur que les nuits.

Marg. — Et si la terre ne tournait pas autour du soleil?

Mlle L. — L'*axe* de la terre étant *incliné*, si la terre ne tournait pas autour du soleil, il y aurait une moitié de la terre qui aurait toujours l'été, et l'autre moitié toujours l'hiver. Faites vous-même l'expérience avec la bougie, l'orange devant la bougie, et l'aiguille passée dans l'orange : regardez bien alors comment se répand la lumière, et réfléchissez.

CHAPITRE VI

Constitution des corps.

Une boule de neige. — Solides, liquides et gaz ou vapeurs. — Molécules. — Pores. — Vaporisation. — Évaporation. — Transformations.

Mlle LAURENCE. — Que nous apportez-vous donc, Jacques?

JACQUES. — Une boule de neige.

Mlle L. — Elle est très-jolie, je vous en fais mon compliment; elle est presque ronde et dure comme une boule d'ivoire.

JACQUES. — Et elle est bien plus blanche.

Mlle L. — Savez-vous ce qu'on voit dans la neige, quand on la regarde avec une loupe [1] ?

JACQUES. — Non ; que voit-on ?

Mlle L. — Des étoiles.

JACQUES. — Des étoiles dans la neige ?

MARGUERITE. — Bon ! voilà la boule par terre, nous allons avoir une mare d'eau.

JACQUES. — Quelle exagération ! Au lieu d'une mare, voyez la jolie poussière blanche. Je vais la ramasser et la jeter par la fenêtre.

MARG. — En attendant, voici de l'eau sur ma robe et sur le tapis.

JACQUES. — Ce n'est rien ; mets-toi un instant devant le feu.

1. Une loupe est un verre à travers lequel on voit les objets beaucoup plus gros qu'ils ne sont.

MARG. — Et les étoiles que nous devions voir ?

JACQUES. — Ah ! oui, et les étoiles ?

Mlle L. — Vous venez de voir une sorte de poussière de neige sur le tapis ?

MARG. — Oui, Mademoiselle.

Mlle L. — Eh bien, dans les flocons de neige, ces grains blancs extrêmement petits se trouvent groupés les uns à côté des autres, de manière à former des étoiles qu'on distingue, quand on regarde la neige à travers une loupe ; il y a une très-grande variété de ces étoiles dans la neige ; je ne vous en montre ici que quelques dessins (*fig.* 6).

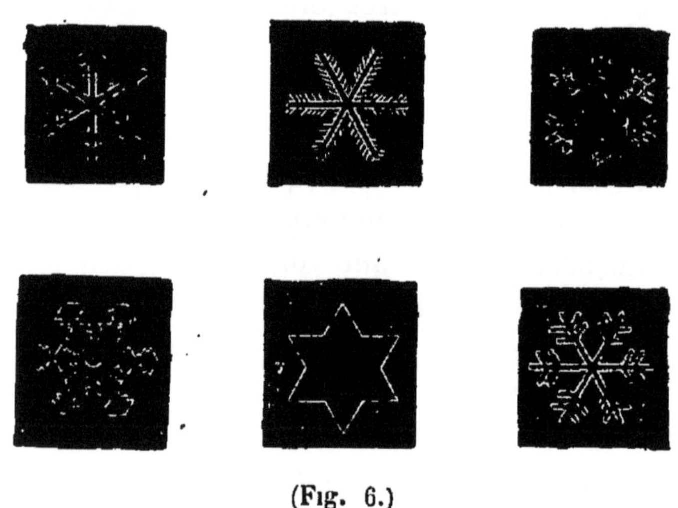

(Fig. 6.)

Les flocons de neige qui tombent en même temps ont en général tous la même forme, mais s'il y a un intervalle entre deux averses de neige et que le temps se soit un peu refroidi ou adouci, on observe dans la seconde averse des formes différentes de celles de la première.

MARG. — Et dans la glace, y a-t-il aussi des étoiles ?

Mlle L. — Dans la glace, il y a des formes de fleurs dans le genre de celles-ci (*fig.* 7).

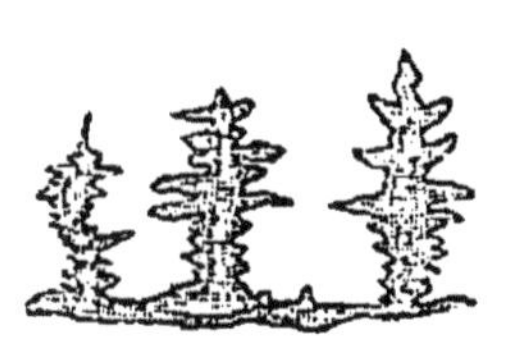  

(Fig. 7.)

Mais ce qu'on peut voir sans loupe, ce sont les dessins de la glace sur les vitres.

Marg. — Il y en avait ce matin dans ma chambre ; ils ressemblaient à des fougères.

Jacques. — Pourquoi n'y en a-t-il plus maintenant ?

Mlle L. — Parce qu'on a allumé du feu dans la chambre, et que la chaleur a fait fondre la glace.

Marg. — Tous ces dessins dans la glace et la neige sont vraiment curieux.

Mlle L. — La glace et la neige sont composées de grains extrêmement petits, aussi petits que vous puissiez vous les imaginer ; on les appelle *molécules*. Ces molécules forment des dessins par la manière dont elles sont groupées les unes à côté des autres, en laissant entre elles de petits espaces qu'elles n'occupent pas et qui les empêchent de se toucher. Les groupes ainsi formés se réunissent à leur tour, et leur réunion forme une masse *solide*, comme un morceau de glace ou un morceau de neige.

Marg. — Comment savez-vous qu'il y a de ces petits espaces dans la neige ?

Mlle L. — Quand Jacques a pris un morceau de neige dans le jardin, cette neige était presque molle ; Jacques l'a pressée entre ses mains ; à mesure qu'il la pressait, la boule devenait de plus en plus petite et plus dure, pourquoi? — Parce que les molécules se rapprochaient les unes des autres. Mais pour pouvoir se rapprocher ainsi les unes des autres, ces molécules, il fallait bien qu'il y eût des espaces entre elles. Ces petits espaces s'appellent des *pores*.

MARG. — Et dans la glace, y a-t-il aussi des pores ?

Mlle L. — Il y en a qui produisent des effets très-curieux, mais je vous en parlerai une autre fois.

MARG. — Qu'est-ce qui fait fondre la glace et la neige?

Mlle L. — C'est la chaleur qui, en se faufilant entre les molécules, les éloigne les unes des autres, et transforme la glace et la neige en eau. Dans l'eau, ces petites molécules, séparées les unes des autres, glissent les unes sur les autres comme des grains de sable ou de plomb, de telle sorte que l'eau prend toutes les formes des vases dans lesquels on la met. Ainsi dans une carafe, l'eau a la forme d'une carafe; dans un verre, elle a la forme d'un verre; ainsi, elle n'a pas de forme à elle; elle *coule*, et à cause de cela on dit qu'elle est *liquide*, ou encore *fluide*, parce que ce mot *fluide* vient du mot latin *fluere* qui signifie *couler*.

JACQUES. — L'eau qui était sur ta robe a-t-elle disparu?

MARG. — Oui, elle est partie.

Mlle L. — Partie? — Où, s'il vous plaît ?

MARG. — Ah! quant à cela, je n'en sais rien.

Mlle L. — Quand vous avez mis votre robe devant le feu, la chaleur a encore éloigné les unes des autres les molécules de l'eau. Ces petites molécules se sont tellement éloignées les unes des autres qu'elles se sont répandues dans toute la chambre sous forme de *gaz* ou *vapeur*, et voilà pourquoi il n'y a plus d'eau sur votre robe.

Marg. — La vapeur n'a pas de couleur, puisque je ne la vois pas?

Mlle L. — Il y a des vapeurs qui, comme celle de l'eau, n'ont pas de couleur; mais il y en a d'autres qui sont jaunes, violettes, bleues, vertes, etc., et alors on les voit très-bien.

Jacques. — Mais on voit bien aussi la vapeur de l'eau, quand on fait bouillir l'eau?

Mlle L. — Certainement, au-dessus de l'eau s'élève une sorte de petit nuage qui n'est autre chose que de la vapeur (*fig.* 8). Mais comme les molécules de la vapeur s'écartent toujours les unes des autres pour prendre autant de place qu'on leur en laisse, il s'ensuit qu'au-dessus de l'eau qui bout, vous voyez la vapeur au fur et à mesure qu'elle se forme, parce que ses molécules ne sont pas encore bien écartées; mais quand cette vapeur se divise et se répand dans toute la chambre, vous ne voyez que la vapeur toujours nouvelle qui continue à se former au-dessus de l'eau. Si vous laissiez bouillir longtemps votre eau, elle diminuerait sensiblement, et vous finiriez même par ne plus en avoir, parce qu'elle s'éparpillerait ainsi toute en vapeur dans la chambre. Quand de l'eau, en bouillant, se transforme ainsi en vapeur, on dit qu'elle se *vaporise*.

(Fig. 8.)

Marg. — Mais si je la bouchais bien avec un couvercle, la vapeur ne pourrait pas s'en aller ?

Mlle L. — Vous feriez une jolie chose ! La vapeur est si forte, que les molécules, pour s'écarter les unes des autres, soulèveraient votre couvercle en le faisant sauter en l'air, ou bien elles briseraient le vase dans lequel vous auriez voulu les enfermer.

Jacques. — Il n'y a donc pas moyen de mettre de la vapeur dans quelque chose ?

Mlle L. — Si, mais il faut que le vase, dans lequel on veut mettre cette vapeur, soit extrêmement solide, et d'autant plus solide, qu'on veut faire entrer dedans une plus grande quantité de vapeur.

Marg. — Il ne faut peut-être pas tout à fait en remplir le vase ?

Mlle L. — Dès que vous mettez un peu de vapeur dans un vase, il est tout de suite plein, parce que les molécules de la vapeur s'étalent et prennent toute la place qu'on leur laisse ; mais on peut les serrer, les presser les unes contre les autres, en continuant d'en former dans le vase, et ainsi un très-petit vase, pourvu qu'il soit très-solide, peut contenir une grande quantité de vapeur ; mais c'est alors qu'on doit craindre que le vase n'éclate, parce que plus la vapeur est ainsi serrée, *comprimée*, plus elle a de force pour briser l'obstacle qui la retient. On dit que la vapeur est très-*compressible*, parce qu'elle peut beaucoup se *comprimer*, c'est-à-dire se serrer, de même qu'on la dit très-*élastique*, parce qu'elle peut beaucoup s'étendre.

Marg. — Mademoiselle, il n'y a plus d'eau sur le tapis ; cependant je n'ai pas mis le tapis devant le feu ; cette eau n'a pu bouillir ; comment se fait-il qu'elle ait ainsi disparu?

Mlle L. — Elle s'est aussi transformée en vapeur, seulement beaucoup plus lentement que si vous l'aviez mise devant le feu. Quand l'eau se transforme de cette manière en vapeur, on dit qu'elle s'*évapore*.

Marg. — Alors il y a de la vapeur d'eau dans l'air de cette chambre ?

Mlle L. — Sans doute.

Marg. — Comment pourrais-je m'en assurer ?

Mlle L. —Cette nuit, quand le feu sera éteint dans votre chambre, qu'il y fera froid, les molécules de la vapeur, en touchant les vitres de la fenêtre, s'y refroidiront, se rapprocheront les unes des autres, et formeront des gouttes d'eau sur vos vitres. Ces gouttes d'eau, vous pourrez les voir, si le cœur vous en dit. Plus tard, lorsqué la nuit aura refroidi encore davantage votre chambre, il est possible que ces gouttelettes se transforment en glace ; et dans ce cas, vous auriez demain matin des aiguilles de glace sur vos vitres. Ces gouttes d'eau et ces aiguilles de glace ne viendraient donc que de la vapeur d'eau qui se trouve mêlée à l'air de votre chambre.

Marg. — Mais quand même je ne répands pas d'eau dans ma chambre, j'ai souvent en hiver de la glace sur mes vitres.

Mlle L. —C'est qu'il y a toujours de la vapeur d'eau dans l'air, plus ou moins.

Marg. — Toutes ces transformations de l'eau sont extraordinaires. Y a-t-il d'autres choses qui se transforment ainsi ?

Mlle L. — Presque tous les corps inorganiques peuvent être successivement *solides*, *liquides* et *vapeurs* ou *gaz*.

Marg. — Qu'est-ce que les corps inorganiques ?

Mlle L. — Je vous le dirai demain.

CHAPITRE VII

Constitution des corps.

(*Suite.*)

PROPRIÉTÉS GÉNÉRALES DES CORPS.

Histoire de Picciola. — Corps organiques et corps inorganiques. — Cristallisation. — Porosité. — Élasticité. — Compressibilité. — Divisibilité.

Mlle LAURENCE. — Avez-vous lu *Picciola*?

MARGUERITE. — Non, Mademoiselle, qu'est-ce que c'est?

Mlle L. — C'est un livre charmant dans lequel on raconte l'histoire d'une petite plante qui se mit un jour à pousser dans la cour d'une prison; cette cour servait de promenade à un pauvre prisonnier qui vit la plante lorsque ses deux premières petites feuilles n'étaient pas encore si grandes que l'ongle de votre petit doigt. Il l'arrosa, la soigna, se prit d'amour pour elle, et la nomma Picciola. Lorsque Picciola devint un peu plus grande, son parrain enleva les deux gros pavés entre lesquels elle était née et se trouvait comme dans un berceau trop étroit. Picciola, ainsi mise à l'aise, étendit ses racines dans la terre et éleva ses tiges vers le ciel; puis, un jour, sur l'une de ses branches, on vit s'épanouir une belle fleur. Le prisonnier aima sa fleur comme on aime un enfant; chaque jour il la voyait embellir en croissant, et lorsqu'il sortit de prison, il l'emporta avec lui. Picciola, transplantée, donna de nouvelles fleurs dont les graines, dispersées par le vent, allèrent faire naître ailleurs d'autres petites Picciolas.

JACQUES. — Comment la Picciola du prisonnier avait-elle pu venir ainsi toute seule dans la cour, sans avoir été ni plantée ni semée?

Mlle L. — Quelque graine venue on ne sait d'où, peut-être des environs, avait été soulevée par le vent et apportée ainsi dans la cour du prisonnier ; car il ne faut pas croire que les plantes viennent sans semence; il n'y a pas une herbe des champs qui pousse, sans qu'une graine d'une herbe semblable ne soit tombée dans la terre. Une fois dans la terre, les graines se développent, donnant naissance à des racines et à des tiges. Les racines, les tiges, les feuilles et les fleurs se nourrissent et grandissent en puisant leur nourriture dans la terre, dans l'air et dans l'eau de la pluie. En un mot, les plantes *vivent*, car c'est *vivre* que de naître d'une graine, de grandir en se nourrissant, de produire d'autres graines, et de mourir en se desséchant ; c'est une vie moins compliquée que celle des animaux, mais enfin c'est encore vivre. Il y a une grande différence, vous m'avouerez, entre une plante et, par exemple, une pierre qui ne *naît* pas d'une autre pierre, qui ne se *nourrit* pas pour grandir, et qui ne *meurt* pas, enfin qui pourrait rester la même, pendant des centaines de siècles, si rien ni personne ne venait y toucher.

C'est pourquoi, comme on appelle *corps* tout ce qu'on peut voir et toucher, on distingue dans la nature deux sortes de corps, ceux qui *vivent* et ceux qui *ne vivent pas*.

Si je ne craignais pas de vous fatiguer, je vous dirais les noms qu'on a donnés à ces deux espèces de corps.

Marg. — Dites-nous-les, Mademoiselle?

Mlle L. — Les animaux, pour vivre, ont des *organes* qui sont : une bouche, un estomac, un cœur, etc. ; les plantes, pour vivre, ont aussi des *organes* qui sont les racines, les tiges et les feuilles. Les animaux et les plantes ayant des *organes* pour vivre, ont été nommés *corps or-*

ganiques, tandis que les pierres, les métaux, l'eau, l'air, enfin toutes ces choses qui, ne vivant pas, n'ont *pas d'organes*, sont appelées *corps inorganiques*.

MARG. — Ces noms me semblent très-naturels.

Mlle L. — Oui, pourvu qu'on en sache bien la signification.

JACQUES. — Ces corps inorganiques ne vivant pas, ne me semblent guère intéressants.

Mlle L. — Vous croyez? — Cependant, je ne vous ai encore parlé que de l'eau, et nous avons déjà vu comment elle se transforme en glace et en vapeur; ne serait-il pas intéressant aussi de savoir ce qui peut la faire devenir nuage, pluie, brouillard, rosée, neige, grêle, givre et grésil? car elle prend encore toutes ces formes. Et n'est-ce pas utile pour nous de savoir comment se forme la vapeur et comment elle se comporte, afin de pouvoir en fabriquer nous-mêmes, et de nous faire rouler par elle en chemin de fer?

JACQUES. — C'est donc la vapeur qui fait marcher les locomotives?

Mlle L. — Certainement.

JACQUES. — Comment?

Mlle L. — Cela vous intéresse donc?

JACQUES. — Oui, Mademoiselle.

Mlle L. — Eh bien, je vous le dirai un autre jour. Quand on ne connaît rien, on croit qu'il n'y a rien ou peu de choses à connaître, et puis, à mesure que l'on étudie, on découvre que ce qui semblait insignifiant au premier abord, prend de l'importance; on devient curieux, on aime à savoir. Quand on sait déjà un peu, l'étude commence à être agréable, et plus on sait, plus on s'y attache, parce qu'alors tout devient plus intéressant. On a vu des savants qui passaient toutes leurs journées et une partie de leurs nuits à étudier, tant cet amour d'apprendre leur tenait lieu de tout autre plaisir. Mais comme les commencements sont parfois peu amusants, il faut prendre bravement son parti de faire ces premiers pas, pour trouver plus tard dans l'étude beaucoup de plaisir et de profit.

JACQUES. — Y a-t-il d'autres corps dans lesquels on voit des étoiles comme dans la neige?

Mlle L. — Dans quelques corps, ces groupes de molécules, qu'on appelle des *cristaux*, ont la forme de petits dés à jouer (*fig.* 9).

Dans d'autres, ils ont la forme de petits coffrets qui seraient aussi longs que larges, mais plus hauts que longs et que larges, comme deux petits dés à jouer qui seraient placés l'un au-dessus de l'autre (*fig.* 10).

Dans d'autres, ils ont la forme de petites boîtes de dominos ou de petits coffrets allongés, dont la longueur, la largeur et la hauteur seraient toutes les trois différentes (*fig.* 11).

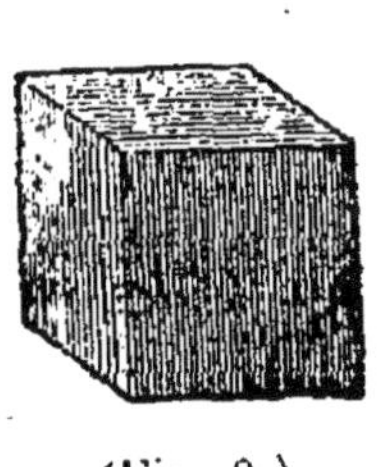  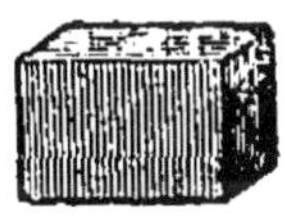

(Fig. 9.)   (Fig. 10.)   (Fig. 11.)

Dans d'autres, ils ressemblent soit à l'un, soit à l'autre des objets que je viens de nommer; seulement la forme de ces objets est allongée de telle sorte que les coins sont plus pointus dans un sens que dans un autre, et deux de leurs faces ou toutes leurs faces présentent une forme allongée qu'on appelle un losange (*fig.* 12).

Parmi tous ces cristaux, les uns, placés isolément sur

une table, s'y tiendraient droits comme les objets dont
je vous ai parlé ; d'autres, placés de même isolément sur
une table, présenteraient une direction oblique [1], comme
une échelle dont le haut est appuyé contre un mur, tandis
que le bas est à quelque distance du mur (*fig.* 13).

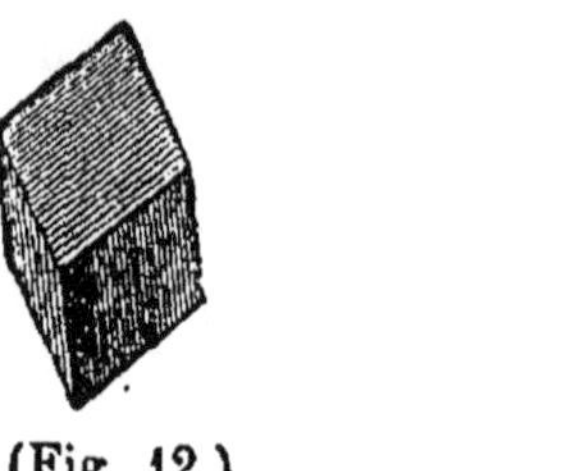

(Fig. 12.)   (Fig. 13.)

Tous ces cristaux, ayant soit l'une, soit l'autre des
formes que je vous ai indiquées, peuvent être coupés sur
leurs arêtes ou bords, ce qui leur donne l'aspect de
petites colonnes taillées à facettes (*fig.* 14).

Ou leur coins, qu'on appelle des angles solides, peuvent être coupés, ce qui les rapproche un peu de la
forme d'une boule (*fig.* 15).

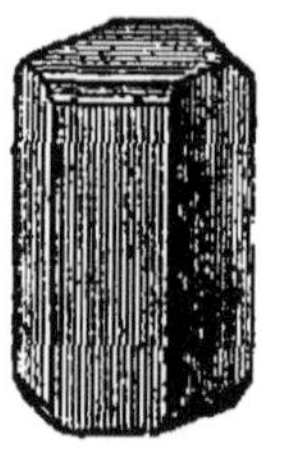

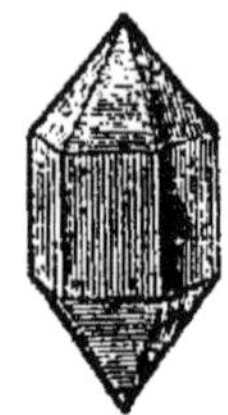

(Fig. 14.)   (Fig. 15.)   (Fig. 16.)

Ou ils peuvent encore avoir soit l'une, soit l'autre de
toutes ces formes, avec addition de petits clochers pointus ou pyramides [2] (*fig.* 16).

1. On peut encore, dans ces derniers, distinguer ceux qui sont *syme-
triques*, c'est-à-dire *réguliers*, et ceux qui ne le sont pas.

2. Dans les musées de minéralogie et chez quelques marchands, on
voit de petits modèles en bois de toutes ces formes de cristaux.

Certains de ces groupes sont si petits, qu'on ne peut les voir qu'à l'aide du microscope [1] ; par exemple, si vous regardiez ainsi un grain du sel qu'on sert à table, vous verriez dans ce seul grain une vingtaine ou une trentaine de petits groupes, dont chacun a la forme d'un dé à jouer. Dans d'autres corps, ces cristaux sont beaucoup plus gros, et on peut très-facilement voir leur forme ; par exemple, dans le cristal de roche que nous avons sous les yeux (*fig.* 17), ces groupes sont à peu près gros

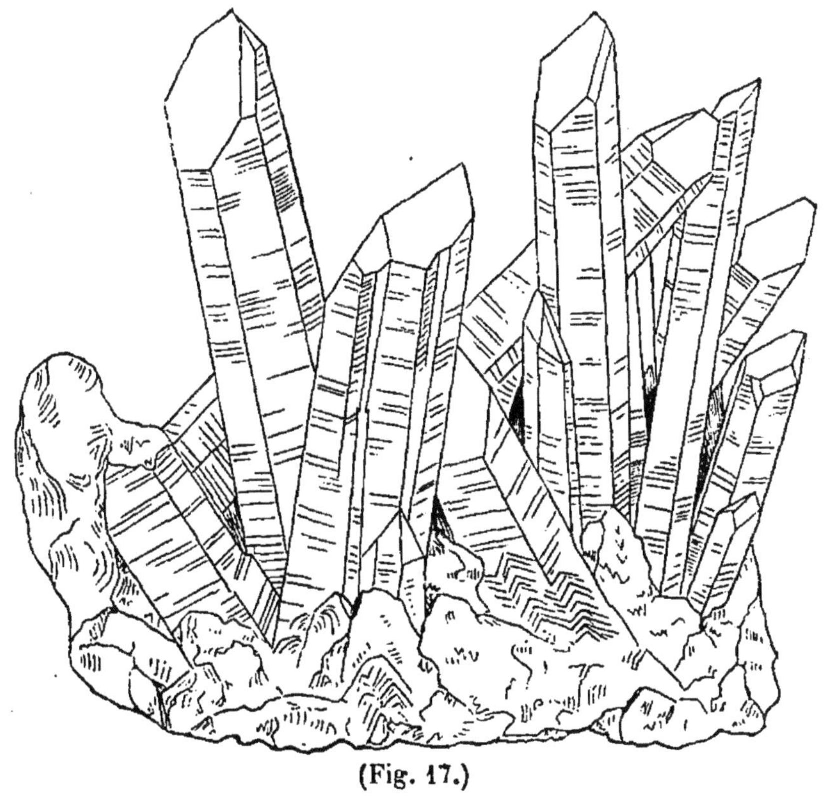

(Fig. 17.)

comme vos doigts ; aussi vous voyez bien qu'ils ressemblent à de petites colonnes taillées à facettes, et *ter*minées par des pyramides.

1. Instrument qui fait paraître les objets plus gros qu'ils ne sont.

Quand vous irez chez un confiseur ou un épicier, demandez du sucre candi, et, avant de le croquer, regardez-le bien, vous verrez des cristaux d'une autre grosseur et d'une autre forme. Quand vous passerez devant la boutique d'un pharmacien, arrêtez-vous un instant; si vous apercevez de beaux cristaux de différentes couleurs, comme on en voit souvent en montre dans de grands bocaux. Enfin, quand vous irez dans les musées, et que vous entrerez dans des cabinets de minéralogie, regardez bien, et vous verrez encore une infinité de cristaux, de toutes formes et de toutes grosseurs.

C'est généralement quand un corps passe lentement de l'état liquide à l'état solide, que ses molécules se disposent ainsi en groupes réguliers ou cristaux; on dit alors que le corps *cristallise*, et il y a, comme nous venons de le dire, beaucoup de formes de *cristallisation*. Cependant, quelque diverses que paraissent ces cristallisations au premier aspect, en les considérant bien, on trouve qu'elles ont toutes des rapports, soit avec l'une, soit avec l'autre des formes dont je vous ai parlé. Les premiers groupes de cristaux sont donc formés par la réunion des molécules; ils se réunissent ensuite entre eux, de manière à former d'autres groupes plus gros, et ces derniers présentent encore quelquefois des formes très-régulières; d'autres fois ils se réunissent d'une manière irrégulière, comme le cristal que nous venons de voir.

Dans les corps qui ne cristallisent pas en devenant solides, les molécules se rapprochent simplement les unes des autres, en laissant autour de chacune d'elles de petits espaces ou *pores*[1].

JACQUES. — Est-ce qu'il y a de ces espaces dans la pierre?

______

1. Voir le chapitre précédent.

Mlle L. — Certainement. Si vous voulez vous en assurer, versez de l'encre sur une pierre, et quelque temps après, grattez cette pierre, vous verrez que l'encre est entrée dedans, ce qui n'aurait pu se faire si la pierre n'avait pas eu de pores.

MARG. — Est-ce que tous les corps liquides peuvent devenir solides?

Mlle L. — On croit que tous les corps pourraient être successivement solides, liquides et gazeux, si on pouvait exposer les uns à un froid assez rigoureux, et les autres à une chaleur assez grande; car tous les corps ne changent pas d'état à la même température; par exemple, il faut un froid beaucoup plus grand pour geler l'huile que pour geler l'eau, et il faut une bien plus grande chaleur pour fondre l'or et l'argent que pour fondre le plomb. Il faut peu de chaleur pour fondre la glace, et vous savez qu'un rayon de soleil suffit pour fondre la neige.

MARG. — On peut donc fondre l'or et l'argent?

Mlle L. — Certainement; on fond aussi le fer, le cuivre, l'étain, le zinc, etc., et c'est lorsque ces métaux sont liquides qu'on les verse dans des moules; en refroidissant, ils redeviennent solides, et quand on les retire des moules, ils conservent la forme qu'ils y ont prise. C'est ainsi qu'on fait les canons, les cloches, et des objets de toute sorte.

MARG. — Est-ce que toutes les vapeurs ressemblent à la vapeur d'eau?

Mlle L. — Toutes, plus ou moins, sont très-*compressibles*, c'est-à-dire qu'on peut les comprimer, les serrer, en faire contenir une grande quantité dans un petit espace. On dit aussi qu'elles sont très-*élastiques,* parce que, plus on les comprime, plus elles ont de force pour s'étendre, pour soulever ou briser l'obstacle qui les retient, si cet obstacle n'est pas plus fort qu'elles; car les molécules des vapeurs se repoussent toujours les unes les autres, et prennent autant de place qu'on leur en laisse.

Les molécules se divisent ainsi presque à l'infini, ce qui fait dire que les vapeurs sont encore extrêmement *divisibles*. Pour vous donner un exemple de cette *divisibilité*, jetez une goutte d'eau de Cologne ou d'éther dans votre chambre, cette eau de Cologne ou cet éther s'évaporera très-vite, et vous en sentirez les molécules, quelle que soit la place que vous occupiez dans votre chambre.

Marg. — Il faut que ces molécules soient bien petites !

Mlle L. — Dans les solides et les liquides, les molécules sont aussi très-petites, ce qui rend les solides et les liquides très-*divisibles* aussi. Si vous jetez une goutte d'encre dans une cuvette d'eau, cette eau se trouvera toute colorée d'une teinte noire, et vous jugerez ainsi combien les molécules de l'encre doivent être petites, puisqu'elles ont pu, en se divisant, se mêler à toute l'eau de la cuvette. Pour montrer la divisibilité du verre, j'ai vu, dans un cabinet de physique, une perruque de verre dont les cheveux étaient aussi fins que les plus fins cheveux qui aient jamais orné une tête.

Marg. — Les solides et les liquides sont-ils aussi élastiques et compressibles ?

Mlle L. — Quelques solides sont très-élastiques, mais d'une autre manière que les vapeurs. Par exemple, c'est parce que le caoutchouc est *élastique*, que quand on l'a pressé ou quand on l'a tiré, il revient de lui-même à sa première forme dès qu'on cesse de le presser ou de le tirer ; c'est aussi parce qu'une lame d'acier a une autre sorte d'élasticité, que quand on l'a courbée, elle reprend d'elle-même sa direction droite, dès qu'on cesse de la retenir courbée. Les solides sont moins compressibles que les gaz, et les liquides le sont encore moins que les solides.

Deux fontainiers de Florence voulurent un jour comprimer de l'eau dans une boule creuse en or; ils pressèrent très-fortement la boule; mais l'eau qui était dedans, au lieu d'occuper moins de place en se serrant, sortit par les pores de l'or.

MARG. — Les vapeurs ont-elles aussi des pores?

Mᶜˡˡᵉ L. — Sans doute, puisque leurs molécules s'éloignent et se rapprochent plus ou moins les unes des autres; leurs pores sont donc d'autant plus grands que ces vapeurs sont moins comprimées.

MARG. — Et les liquides?

Mᶜˡˡᵉ L. — Les liquides sont moins poreux, puisqu'on ne peut que très-faiblement les comprimer.

JACQUES. — Et les solides?

Mᶜˡˡᵉ L. — Les uns le sont beaucoup et d'autres moins. La pierre qu'il y a dans les filtres pour filtrer l'eau, est, par exemple, très-poreuse, puisque ses pores sont assez larges pour laisser passer l'eau, quoique assez étroits pour arrêter au passage les petits corps qui empêchent l'eau d'être pure et claire. Jacques, vous qui doutez parfois de l'utilité de connaître tout ce qu'on peut savoir, vous voyez, par ce dernier exemple, que si tout le monde avait montré la même indifférence que vous, on ne connaîtrait pas la porosité de la pierre, et on n'aurait pas pu chercher à s'en servir en inventant les filtres, de sorte que vous, qui habitez l'hiver une grande ville, où il n'y a pas de sources d'eau claire, vous seriez condamné à boire de l'eau sale.

Cette *porosité*, cette *élasticité*, cette *compressibilité* et cette *divisibilité* des corps, sont désignées sous le nom de *propriétés générales des corps*, parce que tous les corps, ainsi que vous venez de le voir, possèdent plus ou moins ces propriétés.

CHAPITRE VIII

Combinaisons chimiques.

Compositions. — Décompositions. — Corps simples. — Corps composés
— Mélanges. — Composition de l'eau. — Eaux diverses : de pluie, de
source, de marais, etc. — Eaux minérales. — Eaux de mer.

Mlle LAURENCE. — Cendrillon, dit le conte, se désolait de rester seule au coin du feu; mais une bonne fée, sa marraine, d'un coup de baguette changea ses haillons en une brillante parure, transforma une citrouille en carrosse, je crois des lézards en chevaux fringants, des rats en laquais, et fouette, cocher! Cendrillon partit pour le bal.

Je n'ai pas la prétention de vous parler de pareilles transformations; cependant j'en sais quelques-unes qui ont aussi leur merveilleux, et qui ont du moins le mérite d'être vraies.

MARGUERITE. — Dites-les-nous, Mademoiselle.

Mlle L. — Vous savez qu'on gonfle les ballons avec un gaz? Ce même gaz, quand il est uni à un autre corps qu'on appelle du *carbone* et qui n'est autre que du charbon, ce même gaz, dis-je, est le gaz dont on se sert pour éclairer les rues et les magasins. Vous connaissez bien ce gaz-là? Quand on veut l'allumer, le soir, on ouvre le robinet du tuyau par lequel il arrive, on approche une allumette de ce tuyau, et à l'instant même une belle flamme blanche et bleue se met à paraître; ce gaz-là s'appelle l'*hydrogène*.

Il y a dans l'air un autre gaz sans lequel nous ne pourrions vivre, parce que nous le respirons, et qu'il est indispensable à notre respiration ; ce gaz-là s'appelle l'*oxygène*.

JACQUES. — Pourquoi nous parlez-vous de ces gaz-là ? est-ce qu'ils peuvent se changer en quelque autre chose, comme la citrouille de Cendrillon ?

Mlle L. — Nous y voici : quand on met, dans de certaines conditions, ces deux gaz en présence l'un de l'autre, ils se précipitent l'un dans l'autre, une détonation se fait entendre, et crac, après la détonation, on n'a plus ni hydrogène ni oxygène, mais à la place, quelque chose de tout à fait différent.

MARG. — Quoi donc ?

Mlle L. — Devinez.

MARG. — Comment voulez-vous que je devine ?

Mlle L. — En effet, c'est difficile à deviner, car ce n'est rien qui ressemble à l'un ou à l'autre de ces gaz.

MARG. — Qu'est-ce donc ?

Mlle L. — De l'eau.

MARG. — De l'eau ?

Mlle L. — Oui, de l'eau. De l'eau pure et claire, de la vraie eau enfin.

JACQUES. — Ainsi je pourrais faire moi-même de l'eau, avec de l'hydrogène et de l'oxygène ?

Mlle L. — Oui, mais il faut pour cela certaines conditions. Par exemple, quand on met ces deux gaz en présence l'un de l'autre, il faut que le volume d'hydrogène soit double du volume d'oxygène. En supposant que vous ayez un litre d'oxygène, il vous faudrait deux litres d'ydrogène ; si vous aviez deux litres d'oxygène, il vous faudrait quatre litres d'hydrogène ; enfin, toujours un volume double de ce dernier. Il faut encore, pour que cette transformation s'accomplisse, que l'on chauffe beaucoup ces deux gaz, ou qu'on les presse beaucoup, ce qui revient au même, puisque la pression les chauffe.

MARG. — Dites-nous encore d'autres transformations?

Mlle L. — Je ne finirais pas de vous en citer si je voulais, parce que presque tous les corps, mis dans de *certaines conditions*, en présence d'autres corps, se transforment en s'unissant, et ils forment d'autres corps, tout à fait différents de ceux qui leur ont donné naissance. On appelle cela des *combinaisons chimiques*, et les corps qui se sont transformés en s'unissant, sont nommés corps *combinés* ou *composés*, tandis que ceux qu'on a séparés les uns des autres, lorsqu'ils étaient composés, sont nommés *corps simples*.

MARG. — L'eau, qu'est-ce que c'est?

Mlle L. — C'est un corps *composé*, puisqu'il y a dedans de l'hydrogène et de l'oxygène.

MARG. — Alors l'hydrogène est un corps simple?

Mlle L. — Oui, et l'oxygène aussi. Il y a toute une science, la chimie, qui s'occupe de ces *combinaisons* ou *compositions* et de ces séparations ou *décompositions*. Il y a des chimistes qui passent leur vie à chercher des combinaisons nouvelles et des séparations nouvelles, pour produire de nouveaux corps, ou des corps qui existent déjà dans la nature, mais qu'on voudrait arriver à fabriquer soi-même. On a beaucoup cherché à faire de l'or, et il y a des hommes qui se sont tellement passionnés à cette recherche, qu'ils en sont presque devenus fous; on les appelait des *alchimistes*.

JACQUES. — Ont-ils réussi?

Mlle L. — On ne peut pas encore faire de l'or; mais tous les jours on découvre des combinaisons nouvelles.

JACQUES. — Alors, à quoi cela sert-il?

Mlle L. — Pensez-vous donc, comme ces alchimistes,

qu'il n'y ait que l'or de précieux au monde? A quoi cependant nous servirait l'or, si l'on n'avait pas inventé toutes les choses que l'or sert à acheter? En cherchant toujours des combinaisons nouvelles, on a trouvé le verre, qui laisse passer la lumière par nos fenêtres en nous préservant du froid ; le savon, qui rend la blancheur à notre linge ; le sucre, qui favorise notre gourmandise ; l'encre et le papier, qui nous servent à correspondre avec nos amis éloignés ; des couleurs nouvelles pour teindre nos étoffes et imiter la nature dans nos tableaux ; des remèdes, pour nous soulager quand nous sommes malades, etc. Et savez-vous comment se font toutes ces choses? Par des transformations incroyables ; je ne vous en donnerai que deux exemples : quand, le soir, vous voyez les chiffonniers ramasser de vieux chiffons et de vieux os, dans les tas d'ordure de la rue, savez-vous à quoi cela sert? — Les vieux chiffons deviendront de ces papiers blancs glacés sur lesquels vous écrivez de jolies lettres, et les vieux os, réduits en charbon, blanchiront le sucre que vous croquez avec délices.

Marg. — Vraiment? Alors c'est dégoûtant !

Mlle L. — Pas du tout, car il y a transformation complète ; les chimistes changent les choses les plus sales en objets de luxe ou de première utilité ; ce sont là de leurs coups de baguette, qui valent bien ceux de la marraine de Cendrillon.

Jacques. — Je crois que j'aimerais à faire de la chimie.

Marg. — Et moi aussi.

Jacques. — L'eau qu'on fait soi-même avec de l'hydrogène et de l'oxygène est-elle bonne à boire?

Mlle L. — Elle est fade, parce qu'elle manque d'air. L'eau que nous buvons contient toujours un peu d'air ; c'est d'ailleurs pour cette raison que les poissons peuvent respirer et vivre dans l'eau. Lorsque la glace n'est pas .limpide comme du cristal, les petites imperfections que nous y voyons ne sont autres, souvent, que des petites bulles d'air qu'elle renferme. Quand de l'eau est fade, parce qu'elle manque d'air, ce qui arrive quelquefois, on peut la rendre bonne, en la frappant à l'air avec un bâton ; en agissant ainsi, on fait pénétrer de l'air dans l'eau.

MARG. — Cependant il y a des eaux qui sont à l'air et qui sont bien mauvaises.

Mlle L. — Les eaux des marais et des étangs ne sont pas bonnes, parce qu'il y a des plantes qui pourrissent dedans, et que ces eaux se renouvellent très-peu ou ne se renouvellent pas. Les eaux qui courent à l'air sont les meilleures ; les eaux de pluie sont les plus pures ; les eaux de source et de puits sont quelquefois très-bonnes ; d'autres fois elles manquent d'air ; d'autres fois elles renferment des corps étrangers qu'elles ont pris sur les terrains qu'elles ont traversés : quand une eau a passé sur ce qu'on appelle du *sulfate de chaux* et qu'elle s'en est chargée, elle ne peut pas servir à faire la cuisine, parce que le sulfate de chaux qu'elle contient durcit les légumes et les empêche de cuire ; cette eau ne peut pas non plus servir pour savonner, parce que le sulfate de chaux forme des petits grumeaux avec le savon. On dit alors que cette eau-là est crue [1]. Il y a encore les eaux minérales, qui contiennent du fer, du soufre et d'autres corps, suivant les terrains que ces eaux ont parcourus.

MARG. — Pourquoi quelques-unes de ces eaux sont-elles chaudes ?

Mlle L. — Parce qu'elles viennent d'une grande pro-

---

1. Pour la rendre bonne, il faut jeter dedans du carbonate de potasse.

fondeur de la terre, et vous savez que la terre est très-chaude à une grande profondeur [1].

MARG. — Et l'eau de la mer, pourquoi est-elle si mauvaise à boire?

Mlle L. — Parce qu'elle renferme beaucoup de sel.

Le sel *mélangé* à l'eau ou fondu dans l'eau, lui donne ce goût salé que vous connaissez. Comprenez bien la différence qu'il y a entre des corps simplement *mélangés* les uns avec les autres, et des corps *combinés* entre eux. Quand des corps sont *mélangés* les uns avec les autres, comme l'eau avec le sel, ou l'eau avec le sucre, ou l'eau avec le vin, ces corps conservent chacun leurs qualités particulières; on les reconnaît l'un dans l'autre; par exemple, en goûtant de l'eau, on sait bien si elle est salée ou sucrée, ou s'il y a du vin dedans, quand même ce vin serait blanc. Mais quand des corps sont *combinés* ou *composés*, ils forment un nouveau corps, tout différent de ce qu'étaient les corps qui ont servi à le former. Ainsi, l'on ne reconnaît pas dans l'eau, l'hydrogène ni l'oxygène dont l'eau se compose; et l'eau n'a aucune des qualités de l'hydrogène ni de l'oxygène; elle en a d'autres qui sont toutes différentes.

1. Voir chapitre de la *Terre*, page **9.**

CHAPITRE IX

Atmosphère.

Couleur de l'air. — Hauteur de l'air au-dessus de la terre. — Composition
de l'air. — Oxygène, expériences. — Azote, expériences. — Acide carbonique : Grotte du Chien. — Respiration animale. — Flamme. —
Asphyxie. — Respiration végétale. — Nuages.

MARGUERITE. — Quelle charmante promenade nous venons encore de faire! le temps est splendide ; le ciel est
d'un bleu ! — Mademoiselle, pourquoi le ciel est-il bleu?

Mlle LAURENCE. — Le bleu que vous voyez, ma chère
enfant, c'est de l'air en très-grande quantité. Quand on
ne voit qu'un peu d'air, il paraît sans couleur; c'est pour
cela que vous ne voyez pas celui qui est entre vous et
moi, et cependant il y en a, puisque vous le sentez sur
votre figure.

MARG. — Non, Mademoiselle, je n'en sens plus maintenant.

Mlle L. — Il y en a cependant, et si vous voulez vous
en convaincre, agitez-le devant vous, cet air, en vous servant de votre éventail, ou seulement de votre mouchoir
en guise d'éventail ; vous le sentirez alors. Vous avez bien
vu quelquefois, dans les magasins de modes ou de nou-
veautés, des tulles de toutes nuances? Quand ces tulles
sont déployés et drapés, comme on dit, c'est-à-dire quand
ils sortent en flots légers de la main du marchand, pour
retomber mollement sur le comptoir, ils ont des nuances très-claires : ils sont rose tendre ou bleu d'azur; ces
nuances paraissent si pâles, qu'on les distingue à peine;

mais voyez ces mêmes tulles roulés en pièces : le bleu et le rose y sont très-vifs, parce qu'on en voit beaucoup plus à la fois.

Marg. — En effet, j'ai vu ce que vous me dites ; mais êtes-vous bien sûre qu'il en soit de même pour l'air ?

Mlle L. — Parfaitement sûre, et nous pouvons nous en assurer nous-mêmes. Tenez, regardez d'ici cette colline là-bas, sur laquelle vous couriez il y a une heure. L'air bleu y touche la terre ; vous êtes-vous aperçue que cet air était bleu, quand vous en étiez près, que vous en étiez entourée, enveloppée vous-même ?

Marg. — Non, Mademoiselle, je ne le voyais pas, et maintenant que j'en suis très-loin, je le vois d'ici sur la colline où j'étais ; comment cela se fait-il ?

Mlle L. — C'est qu'entre la colline et vous, il y a beaucoup d'air.

Marg. — Y a-t-il beaucoup d'air au-dessus de nous ?

Mlle L. — On n'a jamais pu aller, ni en ballon ni autrement, jusqu'à l'endroit où il n'y en a plus ; mais les savants qui ont beaucoup examiné la chose, disent que la terre est enveloppée dans une masse d'air qui aurait à peu près quinze lieues d'épaisseur.

Jacques. — Comment ont-ils fait pour le savoir, puisqu'ils n'y sont pas allés ?

Mlle L. — On ne peut pas aller partout ni tout voir ; mais on peut réfléchir et ce qu'on ne voit pas peut quelquefois s'expliquer par autre chose que l'on voit.

Jacques. — Comment cela ?

Mlle L. — Par exemple, tout à l'heure, en nous promenant, quand nous avons voulu savoir si la rivière était profonde, nous ne nous sommes pas amusés à entrer dedans ; mais nous avons pris un bâton, nous l'avons plongé dans l'eau, puis nous l'avons retiré, et, regardant jusqu'où il était mouillé, nous avons dit : la rivière est profonde comme cela.

JACQUES. — C'est vrai, mais on n'a pas pu mesurer l'air avec un bâton ?

Mlle L. — Pour des choses différentes, on prend des moyens différents, et on en a trouvé un pour mesurer la hauteur de l'air au-dessus de la terre.

JACQUES. — Quel moyen, Mademoiselle ?

Mlle L. — On l'a pesé avec un petit instrument qui a servi de balance et qu'on appelle un *baromètre*. Je vous parlerai un autre jour de ce baromètre, et je vous dirai comment on a pu s'en servir pour savoir que nous avons quinze lieues d'air au-dessus de notre tête. Quinze lieues ! vous voyez que nous n'en manquons pas, et heureusement, puisque nous en avons absolument besoin ; car il ne nous serait pas plus possible de vivre sans respirer que de vivre sans manger. Encore, pour manger, beaucoup d'aliments nous sont bons, tandis que pour respirer, il n'y a que l'air ; mais, comme je vous l'ai dit, il y en a assez, et puis, d'ailleurs, il pourrait y en avoir moins, sans que nous courions risque d'en manquer, puisque chaque jour, les plantes et nous, nous en refaisons ensemble du nouveau.

JACQUES. — Nous faisons de l'air ?

Mlle L. — Je vais vous dire comment ; mais il faut d'abord que vous sachiez que l'air est un gaz.

MARG. — L'air, un gaz ?

Mlle L. — Oui, cet air que vous voyez si bleu, maintenant qu'il fait beau ; cet air qui vous rafraîchit en été, qui vous glace en hiver ; cet air qui se faufile partout où il trouve de la place, cet air est un mélange de deux gaz : l'oxygène et l'azote.

L'oxygène, que nous avons déjà vu dans la composition de l'eau [1], est un gaz qui excite, qui anime, qui active la vie ; mais si on le respirait tout seul, il griserait en quelque sorte, il donnerait une activité, une excitation si grande à tous les organes, que cette excitation ferait très-rapidement vieillir et mourir. J'ai vu mettre un charbon rouge dans un bocal d'oxygène ; ce charbon s'est brûlé en un clin d'œil. J'ai vu aussi mettre un oiseau dans un autre bocal d'oxygène ; aussitôt entré, le pauvre petit se mit à s'agiter vivement, il sautait, battait des ailes, tournait la tête, il fallait voir ! c'était une pitié ! il était comme en convulsions ; mais cela ne dura pas longtemps, il tomba bientôt exténué : c'en était fait de lui, il était mort.

JACQUES. — Et nous respirons ce gaz-là ?

Mlle L. — L'oxygène ? Sans doute ; les oiseaux aussi le respirent ; quand il est mélangé avec l'azote, il ne fait pas de mal, au contraire.

JACQUES. — Alors, l'azote c'est un bon gaz ?

Mlle L. — L'azote modère ce que l'oxygène a de trop excitant, comme l'eau modère l'effet du vin ; seulement ma comparaison n'est pas bonne en tous points, parce que nous pouvons boire de l'eau pure, tandis que nous ne pourrions pas respirer seulement de l'azote. Si l'oxygène pur active trop la vie, l'azote pur l'éteint. Une bougie allumée et un charbon rouge mis dans un bocal plein d'azote s'éteignent aussitôt. J'ai vu une expérience aussi cruelle que celle dont je vous ai parlé tout à l'heure : un oiseau mis dans un bocal rempli d'azote. A peine entré, le pauvre petit s'est comme engourdi et endormi pour ne plus se réveiller.

1. Voir le chapitre précédent.

Marg. — Comment fait-on de ces choses si cruelles, pour le simple plaisir de les voir?

Mlle L. — Ce n'est pas, comme vous dites, pour le simple plaisir de les voir, ce qui serait, en effet, le fait de mauvais cœurs; mais en se rendant compte de ce qui est nuisible aux animaux, on apprend en même temps ce qui est nuisible aux hommes, et ces expériences cruelles ne peuvent être pardonnées que lorsqu'elles ont pour but de prévenir beaucoup plus de maux qu'elles n'en produisent.

Il y a encore dans l'air une petite quantité variable de deux autres gaz qui sont : la vapeur d'eau et l'acide carbonique.

Marg. — Qu'est-ce que l'acide carbonique?

Mlle L. — L'acide carbonique est une *combinaison* de deux gaz. l'oxygène et le carbone. Nous connaissons l'oxygène ; le carbone n'est autre que du charbon absolument pur, et à l'état gazeux. Il y a de l'acide carbonique dans la mousse du vin de Champagne, dans celle de la bière et de l'eau de Seltz. C'est ce gaz qui, emprisonné dans les bouteilles, par sa force élastique fait sauter les bouchons en l'air; et c'est lui qui donne à ces liquides le petit goût piquant que vous connaissez. Nous pouvons donc boire l'acide carbonique ; mais il n'est pas meilleur pour notre respiration que l'azote pur, parce que nous ne pouvons vivre sans respirer de l'oxygène. Il y a, près de Naples, une grotte curieuse, qu'on appelle la *Grotte du Chien*, parce qu'un homme peut y entrer impunément, tandis que si un chien s'y aventure, il y étouffe, à moins qu'on ne l'en sorte bien vite (*fig.* 18).

Marg. — Pourquoi?

Mlle L. — Parce qu'il y a dans cette grotte de l'acide carbonique jusqu'à la hauteur d'un chien, à peu près. Si un homme se couchait dans la grotte, il éprouverait le

même sort que le chien ; mais s'il reste debout, il ne res-
sent aucun malaise.

JACQUES. — Comment se fait-il que l'acide carbonique
ne se trouve pas partout mêlé à l'air dans la grotte ?

18.) — La Grotte du Chien.

Mlle L. — Parce que l'acide carbonique est un gaz plus
lourd que l'air ; alors il glisse vers le sol et y reste, tandis
que l'air s'élève dans les parties plus élevées de la grotte.
Avez-vous vu quelquefois préparer des veilleuses ? — On

met dans un vase de l'huile et de l'eau; mais l'eau glisse sous l'huile et y reste, parce qu'elle est plus lourde que l'huile. L'eau est plus lourde que l'huile, parce que ses molécules sont plus rapprochées, ce qui fait dire que l'eau est plus *dense* que l'huile. De même, l'acide carbonique étant plus *dense* que l'air, glisse sous l'air comme l'eau sous l'huile.

Cependant il nous arrive quelquefois de respirer trop d'acide carbonique, ce qui est très-mauvais pour la santé.

MARG. — Où cela arrive-t-il, Mademoiselle?

Mlle L. — Partout où se trouve quelque temps renfermé beaucoup de monde, si l'on n'a pas le soin de renouveler l'air. Et s'il y a beaucoup de lumières par-dessus le marché, on a vu, en pareilles circonstances, des bougies s'éteindre et des personnes se trouver mal. Pour remédier à ces inconvénients, il faut ouvrir les fenêtres.

MARG. — Pourquoi les lumières s'éteignent-elles? et pourquoi des personnes se trouvent-elles mal?

Mlle L. — Quand nous avons parlé des combinaisons chimiques, et en particulier de la composition de l'eau [1], nous avons vu qu'au moment où l'oxygène se combine avec l'hydrogène, une flamme se produit. Eh bien, la flamme des bougies et des lampes est produite aussi par une combinaison chimique; c'est l'oxygène de l'air qui se combine avec le corps qui brûle, pour former de l'acide carbonique. Donc, plus il y a de lumière dans une chambre, plus la quantité d'oxygène qui se combine est grande; il n'est donc pas étonnant alors que les lumières s'éteignent, lorsqu'il n'y a plus d'oxygène

1. Voir le chapitre des *Combinaisons chimiques,* page 40.

dans la chambre, et que des personnes se trouvent mal, puisque nous ne pouvons vivre sans respirer de l'oxygène.

Vous avez bien entendu parler de personnes qui se sont tuées en restant avec un réchaud de charbon allumé dans une chambre bien fermée. L'oxygène de l'air s'est alors combiné avec le carbone qui s'exhalait du charbon enflammé, pour former de l'acide carbonique et un autre gaz, l'oxyde de carbone, lequel est un poisson violent. Alors ces personnes sont mortes lorsque, au lieu d'oxy gène, elles n'ont plus eu à respirer dans la chambre que de l'acide carbonique et de l'oxyde de carbone [1].

Ceci vous explique aussi pourquoi les repasseuses laissent toujours leurs portes ou leurs fenêtres ouvertes, même en hiver, car sans cette précaution, elles se rendraient malades.

Marg. — Je comprends cela maintenant; mais pourquoi, lorsqu'il n'y a ni feu ni lumières, l'air devient-il mauvais à respirer, s'il y a beaucoup de personnes renfermées dans une chambre?

Mlle L. — En respirant, vous faites deux mouvements : dans le premier, vous *aspirez* l'oxygène de l'air, c'est-à-dire que cet oxygène entre par votre nez et votre bouche, et de là passe dans vos poumons; dans le second mouvement, vous *expirez* de l'acide carbonique, c'est-à-dire que de l'acide carbonique arrive de vos poumons, et sort par votre nez et votre bouche. Eh bien, beaucoup de personnes réunies dans une chambre ont bien vite aspiré l'oxygène de l'air qui se trouvait dans cette chambre, et remplacé cet oxygène par de l'acide carbonique. Il faut donc ouvrir les fenêtres pour faire entrer de l'oxygène.

Marg. — Y a-t-il beaucoup d'oxygène dans l'air?

1. Voir la note ajoutée sur ce sujet à la fin du volume.

M^ᵉ L. — Si nous avions une bouteille pleine d'air et, que cette bouteille en contînt *un peu plus* de 5 verres, sur ces 5 verres il y aurait :

$$4 \text{ verres d'azote,}$$
$$1 \text{ verre d'oxygène.}$$
$$\overline{}$$

Total. . . 5 verres d'air.

Le surplus serait de l'acide carbonique et de la vapeur d'eau.

Si je ne vous dis pas la quantité exacte de chacun de ces deux derniers gaz dans l'air, c'est que cette quantité varie ; il y en a tantôt plus, tantôt moins ; tandis que l'azote et l'oxygène y sont presque toujours ensemble dans les mêmes proportions.

Marg. — Comment se fait-il qu'il n'y ait pas plus d'acide carbonique, puisque tout le monde en met dans l'air en respirant ?

M^ᵉ L. — Même les plantes, car les plantes aussi respirent. Comme nous, elles aspirent de l'oxygène et expirent de l'acide carbonique.

Marg. — Alors cela met encore plus d'acide carbonique dans l'air ?

M^ᵉ L. — Cette partie d'acide carbonique mise dans l'air par la respiration des plantes est fort peu de chose en comparaison de la grande quantité d'acide carbonique que les plantes, au contraire, font disparaître de l'air pour se nourrir.

Marg. — Comment cela ?

M^ᵉ L. — Les plantes, par leurs tiges et leurs feuilles, absorbent l'acide carbonique que nous mettons dans l'air Dans leurs tissus, le carbone de cet acide carbonique se sépare de l'oxygène avec lequel il était combiné, et, tandis que ce carbone reste dans la plante qui s'en nourrit, l'oxygène devenu libre revient dans l'air qu'il renouvelle. C'est cet oxygène exhalé par les plantes pendant le jour, qui rend pour nous si sain et si bon l'air de la campagne.

JACQUES. — Mais pourquoi dites-vous, pendant le jour? est-ce que pendant la nuit ce n'est pas la même chose?

Mlle L. — Non, parce que c'est la lumière qui favorise la décomposition de l'acide carbonique dans les plantes. Pendant la nuit, cette décomposition ne se faisant pas, les plantes ne se nourrissent pas de carbone, elles n'exhalent pas d'oxygène. Et comme, d'autre part, elles continuent à respirer de même que nous, elles diminuent pendant la nuit la quantité d'oxygène qu'elles ont mise dans l'air pendant le jour. Il n'est donc pas bon de dormir la nuit dans une chambre qui renferme des plantes.

MARG. — Pourquoi les fleurs font-elles quelquefois mal à la tête, même pendant le jour.

Mlle L. — Parce qu'il n'y a que dans les parties vertes, c'est-à-dire dans les tiges et les feuilles que l'acide carbonique se décompose sous l'action de la lumière, et les fleurs mettent dans l'air d'autres gaz qui souvent ne sont pas bons pour notre respiration.

MARG. — Et la vapeur d'eau, qu'est-ce qui la met dans l'air ?

Mlle L. — Nous en mettons un peu nous-mêmes en respirant. Pour preuve, nous en avons ce petit nuage qui se forme devant notre bouche, lorsqu'il fait assez froid pour que ce froid condense un peu les molécules de la vapeur. Mais ce que nous mettons est fort peu de chose; presque toute cette vapeur contenue dans l'air est formée par les eaux qui sont répandues sur la terre, et qui s'évaporent à la chaleur du soleil. Ces vapeur, étant plus légères que l'air, montent dans l'air comme l'huile monte sur l'eau, et ce sont ces vapeurs qui, dans l'air, forment les nuages.

Jacques. — Alors les nuages se trouvent tout en haut de l'air, et puis au-delà des nuages, il n'y a rien?

Mlle L. — Les nuages ne se trouvent pas tout en haut de l'air, puisque je vous ai dit que la terre se trouve au milieu d'une enveloppe d'air qui a environ 15 lieues d'épaisseur ; il y a donc 15 lieues d'air, à peu près, au-dessus de notre tête ; mais vers la surface de la terre, cet air est plus dense, c'est-à-dire ses molécules sont plus rapprochées les unes des autres qu'à une certaine hauteur. A mesure qu'on s'élève, les molécules de l'air sont de moins en moins denses. Eh bien, la vapeur d'eau s'élève dans l'air, tant qu'elle rencontre de l'air moins léger qu'elle ; quand elle arrive à la hauteur où l'air a la même densité, c'est-à-dire n'est ni plus, ni moins léger qu'elle, alors elle ne monte pas plus haut.

Cette enveloppe d'air et de nuages, au milieu de laquelle se trouve la terre, se nomme *atmosphère,* mot qui signifie *sphère de vapeur.* On appelle *sphère,* quelque chose qui a la forme d'une boule.

CHAPITRE X

Les Vents.

Dilatation de l'air. — Expérience de Franklin. — Brises. — Vents alizés.

MARGUERITE. — Entendez-vous ce vent? En fait-il un bruit! Qu'est-ce qui fait le vent, Mademoiselle?

JACQUES. — D'où vient-il?

MARG. — Pourquoi est-il quelquefois si fort et d'autres fois si doux?

Mlle L. — Un peu de patience, je ne puis cependant tout vous dire à la fois. Transportons-nous à la porte d'un théâtre et voyons ce qui s'y passe le soir. On fait queue pour entrer. Tant que la porte est fermée, chacun attend à sa place; mais dès que la porte s'ouvre, les personnes qui sont en avant, trouvant de la place devant elles, se précipitent dans les couloirs; en entrant dans les couloirs, elles font de la place derrière elles; cette place est aussitôt prise par d'autres personnes qui entrent aussi à leur tour dans les couloirs, en laissant, comme les premières, de la place derrière elles, et ainsi de suite, toute la queue passe par où les premières personnes ont passé, et toute la queue entre dans le théâtre.

L'air, comme vous le savez, est un gaz. Etant un gaz, il est très-*compressible* [1]; le froid le comprime, c'est-à-dire rapproche ses molécules, tandis que la chaleur le dilate, c'est-à-dire éloigne ses molécules les unes des autres.

Lorsque le froid a comprimé l'air dans quelque endroit, cet air comprimé en est d'autant plus élastique, c'est-à-dire que ses molécules ont d'autant plus de force pour re-

1. Voir le chapitre des *Propriétés générales des corps*, page 37.

bondir, pour se repousser les unes les autres, et se précipiter partout où elles trouvent un air plus chaud; parce que l'air chaud étant peu comprimé, les molécules de ce dernier laissent entre elles des pores plus grands, dans lesquels viennent se loger les molécules de l'air froid qui arrive. Cet air froid, en venant se mêler à un air chaud, laisse un vide derrière lui, comme les premières personnes de la queue dont nous parlions tout à l'heure; immédiatement, une autre partie d'air comprimé à côté s'empare de cette place vide, en laissant elle-même derrière elle un vide, où se faufile une autre partie d'air comprimé; et ainsi de suite, souvent sur une grande étendue, toujours une portion d'air comprimé prend la place d'une autre portion d'air qui vient de faire un vide en se déplaçant. Voilà comment se produit le vent, qui n'est autre que de l'air en mouvement.

Lorsque vous êtes dans une chambre chaude, si vous ouvrez une porte donnant sur une chambre froide, immédiatement l'air condensé de la chambre froide accourt se mettre à l'aise dans l'air dilaté de la chambre chaude, et vous avez du vent.

Il faut que nous fassions ensemble une petite expérience qu'imagina un célèbre Américain, Benjamin Franklin. Nous sommes maintenant dans une chambre chaude, à côté d'une chambre froide; ouvrez la porte entre ces deux chambres, et donnez-moi deux bougies allumées. C'est bien. Maintenant, Jacques, vous allez tenir une de ces bougies en bas de la porte, et moi je vais tenir l'autre en haut. Que voyez-vous?

JACQUES. — Les deux flammes sont poussées par le vent dans des sens opposés.

MARG. — C'est l'air de la chambre froide qui pousse la flamme en bas,

Jacques. — Et c'est l'air de la chambre chaude qui pousse la flamme en haut.

Mlle L. — Donc, l'air froid entre dans la chambre chaude par en bas, et l'air chaud en sort par en haut.

Marg. — Comment cela se fait-il ?

Mlle L. — L'air chaud étant plus léger que l'air froid, s'élève au-dessus de ce dernier, comme l'huile s'élève au-dessus de l'eau, parce que l'huile est plus légère que l'eau.

Marg. — C'est peut-être pour cela que j'ai si froid aux pieds.

(Fig. 19.)

Mlle L. — C'est une raison. C'est aussi pour cela que dans une chambre où il y a du feu, l'air froid de la chambre se précipite vers le feu, où il se dilate et s'élève ensuite avec la fumée dans la cheminée. Voilà aussi pourquoi, quand on baisse le tablier d'une cheminée, en laissant seulement un peu de place en bas pour le passage de l'air, cet air froid qui arrive passe par le feu et l'active (*fig.* 19). Mais quand un feu, placé trop bas, ne laisse pas de passage à l'air au-dessous de lui, l'air va par-dessus et ne l'active pas.

Voilà encore pourquoi, dans une salle où doivent s'assembler beaucoup de personnes, quand on veut *aérer* cette salle, c'est-à-dire en renouveler l'air, on fait venir l'air du dehors par des tuyaux qui aboutissent dans les parties basses de la salle. Cet air, une fois entré, s'échauffe, puis s'élève à mesure qu'il s'échauffe, jusqu'à ce qu'il sorte par des ouvertures placées dans les parties les plus élevées de la salle. En même temps que cet air échauffé et vicié s'échappe par en haut, du nouvel air frais s'introduit par en bas; ainsi l'air de la salle se renouvelle, et vous savez si c'est chose importante.

MARG. — Pourquoi le vent siffle-t-il en passant sous les portes et dans les cheminées?

Mlle L. — Parce que les cheminées, et surtout les ouvertures sous les portes, sont des passages étroits à travers lesquels les molécules d'air, en se précipitant, se bousculent et se frottent les unes contre les autres; elles se pressent et se frottent aussi contre les murs des cheminées, contre les jointures des portes, contre les planchers; et tous ces frottements, ces bousculades, produisent le sifflement dont vous parlez. Dans les bois, le vent siffle aussi à travers le feuillage; mais comme le feuillage s'incline pour lui laisser passage, le sifflement du vent dans les bois est souvent très-doux et très-harmonieux.

MARG. — Quand nous étions au bord de la mer, tous les jours, depuis dix heures du matin jusqu'à trois ou quatre heures de l'après-midi, nous avions la brise qui venait de la mer, puis, à partir de ce moment, jusqu'au lendemain matin, c'était un vent froid qui venait de la terre; pourquoi?

Mlle L. — La terre s'échauffe plus vite que la mer pendant le jour; elle se refroidit aussi plus vite pendant la nuit. Eh bien, pendant le jour, la terre étant plus échauffée par le soleil, chauffe aussi l'air au-dessus d'elle ; cet air chaud se dilate, et alors l'air plus froid de la mer accourt vers la terre; c'est la brise de mer. Quand le soleil a disparu, la terre se refroidit très-vite, et l'air qui la touche devient plus froid que l'air de la mer; alors qu'arrive-t-il? C'est la brise de terre qui souffle vers la mer.

Il y a ainsi une foule de circonstances qui dirigent les vents, tantôt d'un côté, tantôt de l'autre; mais il y a aussi des vents que l'on nomme réguliers, parce qu'ils soufflent toujours dans la même direction.

MARG. — Quels sont ces vents-là, Mademoiselle ?

Mlle L. — Vous souvenez-vous comment la terre, en tournant sur son axe, se trouve très-chauffée par le soleil à l'équateur et dans les parties voisines de l'équateur, tandis qu'elle l'est très-peu aux pôles ?

MARG. — Oui, Mademoiselle.

Mlle L. — L'air qui se trouve près de l'équateur participe à sa chaleur et se dilate, tandis que l'air qui touche les pôles est très-froid.

MARG. — Je crois que je devine une chose.

Mlle L. — Dites.

MARG. — Eh bien, puisqu'aux pôles l'air est plus froid qu'à l'équateur, l'air froid de chaque pôle arrive dans l'air chaud de l'équateur.

Mlle L. — C'est cela.

MARG. — Ah ! j'ai deviné.

Mlle L. — Vous êtes contente. En réfléchissant sur ce que vous voyez, et en vous aidant, pour réfléchir, de ce que vous savez, vous vous rendrez ainsi compte vous-même de bien des choses, et ce sera chaque fois pour vous un nouveau plaisir.

Jacques. — Ainsi, il y a des vents qui arrivent tout droit des pôles à l'équateur ?

Mlle L. — Ils ne semblent cependant pas venir tout droit, comme vous dites.

Jacques. — Pourquoi ?

Mlle L. — Remarquez encore ceci : pendant que la terre tourne, l'équateur fait bien plus de chemin que les pôles.

Jacques. — Je ne vois pas cela.

Mlle L. — Comment, vous ne voyez pas ? Donnez-moi vite mon orange et mon aiguille de bas. J'entre encore une fois mon aiguille au milieu de l'orange et je fais tourner. Pendant que je fais un tour, la partie qui, sur l'orange, représente l'équateur[1], fait un chemin grand comme le tour de l'orange ; les deux pôles, au contraire, que nous représentons par l'aiguille de bas à son entrée et à sa sortie de l'orange, les deux pôles, dis-je, ou les deux bouts de l'aiguille de bas, si vous aimez mieux, ne bougent presque pas de place en tournant, puisque l'aiguille n'est qu'un point à son entrée et à sa sortie de l'orange, et qu'elle tourne sur elle-même. Faites vous-même tourner l'orange sur l'aiguille et regardez bien.

Jacques. — Oui, je vois maintenant.

Mlle L. — Tout l'air qui entoure la terre tourne avec elle dans la même direction. L'air qui se trouve près des pôles a donc, en tournant, un mouvement moins rapide que l'air qui se trouve près de l'équateur.

Marg. — Je comprends.

Mlle L. — Donc, l'air froid des pôles, arrivant dans l'air chaud de l'équateur, tourne beaucoup moins vite que

____

1 Voir le chapitre du _Soleil_, page 19.

lui. Et de même que, lorsque vous courez, l'air dans lequel vous passez semble accourir au-devant de vous, tandis que c'est vous qui allez au-devant de lui ; de même, l'air qui tourne peu paraît accourir de l'est à l'ouest, au-devant de la terre qui tourne de l'ouest à l'est.

C'est pourquoi le vent du pôle nord ne vient ni tout droit du nord, ni tout droit de l'est, mais d'une direction entre le nord et l'est, c'est-à-dire du nord-est ; et le vent du pôle sud ne vient ni tout droit du sud, ni tout droit de l'est, mais d'une direction entre le sud et l'est, c'est-à-dire du sud-est.

Ces vents réguliers, venant des pôles à l'équateur, se nomment vents *alizés*. Pour les habitants de la terre qui, comme nous, sont entre le pôle nord et l'équateur, les vents alizés viennent donc du nord-est ; et pour les habitants de la terre qui se trouvent entre le pôle sud et l'équateur, les vents alizés viennent du sud-est.

MARG. — Quel est le vent qui vient de faire tourner notre girouette ?

Mˡˡᵉ L. — Un vent du sud-ouest, c'est-à-dire d'une direction juste opposée au vent alizé du nord-est, dont je viens de vous parler.

MARG. — Qu'est-ce que c'est alors que ce vent du sud-ouest ?

Mˡˡᵉ L. — Vous savez, par l'expérience que nous avons faite tout à l'heure avec deux bougies entre la porte, que l'air chaud s'élève ?

MARG. — Oui, Mademoiselle.

Mˡˡᵉ L. — Eh bien, pendant qu'il y a des courants d'air froid rasant la terre, en venant des pôles à l'équateur, il y a aussi des courants d'air chaud, s'élevant au-dessus des premiers, et se dirigeant de l'équateur aux pôles. Mais dans leur course, ces courants d'air chaud se refroidissent, et en se refroidissant, ils s'abaissent peu à peu vers la terre. C'est un de ces vents-là qui dans ce moment souffle ici et qui vient de faire tourner votre girouette.

Ces courants d'air chaud, qui s'élèvent de l'équateur, se dirigent vers les pôles et redescendent sur la terre avant d'atteindre les pôles, s'appellent les *contralizés supérieurs;* tandis que les courants d'air froid qui rasent la terre, des pôles à l'équateur, sont nommés les *alizés inférieurs.*

CHAPITRE XI

La Pesanteur.

Ce que c'est que la pesanteur ou attraction de la terre. — Vitesse des corps qui tombent. — Moyen de mesurer la profondeur d'un puits ou la hauteur d'une tour, en laissant tomber une pierre. — Bulles de savon. — Papier voltigeant dans l'air. — Expérience.

JACQUES. — Mademoiselle, ne m'avez-vous pas dit que des voyageurs avaient fait le tour de la terre ?

Mlle LAURENCE. — Oui, Jacques, je vous l'ai dit.

JACQUES. — C'est que cela me semble impossible.

Mlle L. — Pourquoi donc ?

JACQUES. — Puisque nous sommes maintenant sur la terre, les pieds en bas et la tête en haut, quand les voyageurs arrivent de l'autre côté, ils doivent avoir la tête en bas; ils accrochent donc leurs pieds à la terre comme les mouches au plafond ?

Mlle L. — Ecoutez. Nous qui sommes sur la terre, nous appelons *en bas* tout ce qui s'approche de la terre, et *en haut* tout ce qui s'en éloigne; mais la terre elle-même n'a ni *haut* ni *bas* : elle est au milieu de l'air, dans un espace immense. Ainsi, quel que soit le lieu que nous habitions sur la terre, nous avons toujours les pieds en bas et la tête en haut, puisque nos pieds sont toujours sur la terre, et que nous avons toujours le ciel au-dessus de notre tête (*fig.* 20).

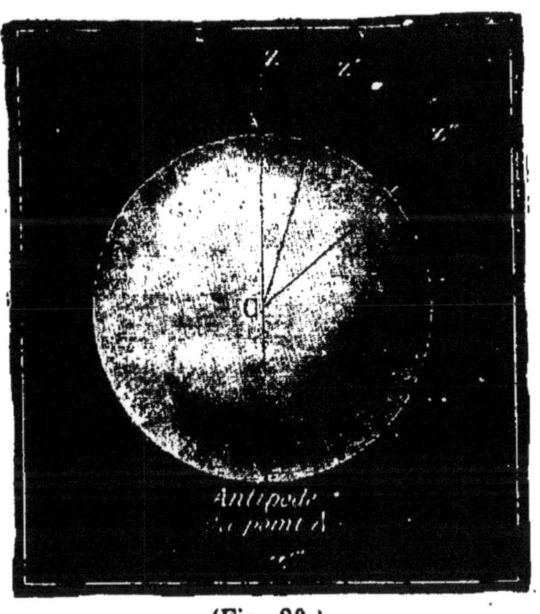

(Fig. 20.)

JACQUES. — C'est vrai, mais c'est bien étonnant tout de même.

Mlle L. — Vous allez peut-être me demander maintenant, ce qui nous empêche de tomber dans l'air ?

JACQUES. — Est-ce que vous pourriez nous le dire ?

Mlle L. — Avez-vous vu de l'aimant ?

JACQUES. — Oui, cela ressemble à du fer; j'en avais un barreau qui attirait à lui des petits poissons en métal; il attirait aussi les aiguilles et les épingles.

Mlle L. — Eh bien, cette force que possède un aimant d'attirer à lui et de retenir près de lui quelques corps, peut être comparée à la force qu'a la terre d'attirer à elle et de retenir près d'elle tous les corps plus légers qu'elle. Voilà pourquoi nous restons sur la terre sans courir aucun risque de tomber dans l'air la tête la première; voilà pourquoi, quand vous jouez à la balle, votre balle retombe toujours, au lieu de suivre indéfiniment la direction que vous lui avez donnée en la lançant; voilà pourquoi la neige, la pluie et la grêle tombent sur la terre, au lieu de rester dans l'atmosphère où elles se sont formées; voilà pourquoi les fruits mûrs tombent des arbres. Cette force qui attire les corps vers la terre s'appelle la *pesanteur* et encore la *force d'attraction* de la terre. Le mot *attraction* veut dire *qui attire*.

Marguerite. — Mademoiselle, quand je joue à la balle, si je ne lance pas ma balle très-haut, je la rattrape sans qu'elle me fasse mal aux doigts; mais quand je la lance très-haut, j'ai presque peur de la recevoir, parce qu'alors, elle m'arrive comme un plomb et me fait mal; pourquoi?

Mlle L. — Parce que votre balle tombe avec une vitesse d'autant plus grande, qu'elle vient de plus haut; la vitesse d'un corps qui tombe allant toujours croissant, depuis le moment où le corps commence à tomber, jusqu'au moment où il rencontre l'obstacle qui l'arrête.

Au moyen d'appareils que vous pourrez voir plus tard, on a pu observer la vitesse avec laquelle un corps tombe au bout d'une seconde de temps, puis sa vitesse au bout de deux secondes, sa vitesse au bout de trois secondes, de quatre secondes, etc. De sorte que, en comptant le nombre de secondes que met un corps à tomber, on peut dire quelle vitesse il avait en tombant, et en calculant, on peut également savoir de quelle hauteur il vient.

Marg. — Ne pouvez-vous nous dire cela, Mademoiselle?

Mlle L. — Pendant la première seconde un corps qui tombe parcourt.................................... 4^{mètres},9

Pendant la 2e seconde, il parcourt 4^m,9 $\times$ 3 = [1] 14^{mètres},7

Pendant la 3e seconde, il parcourt 4^m,9 $\times$ 5 = 24^{mètres},5

Pendant la 4e seconde, il parcourt 4^m,9 $\times$ 7 = 34^{mètres},3

Pendant la 5e seconde, il parcourt 4^m,9 $\times$ 9 = 44^{mètres},1

Et toujours ainsi, en multipliant, à chaque nouvelle seconde, 4^m,9 par le nombre impair suivant, on trouve l'espace parcouru pendant chaque nouvelle seconde.

Voulez-vous que nous mesurions la profondeur d'un puits en jetant une pierre dedans?

MARG. — Comment?

Mlle L. — Je jette une pierre et je compte le temps qu'elle met à tomber. Je la vois faire sa chute au bout de deux secondes. Je dis donc :

Pendant la première seconde, la pierre a parcouru   4^m,9

Pendant la deuxième seconde........ 4^m,9 $\times$ 3 = 14^m,7

Total..... 19^m,6

Ce puits a donc 19^m,6 de profondeur. On pourrait de même savoir la hauteur d'une tour en laissant tomber à terre une pierre du haut de la tour; enfin on pourrait de même mesurer beaucoup d'autres hauteurs ou profondeurs[2].

JACQUES. — L'autre jour, je faisais des bulles de savon à la fenêtre, et Marguerite, qui était dans le jardin,

---

1. Ce signe $\times$ veut dire : *multiplié par ;* et cet autre signe = veut dire : *égale.*

2. Il y a une autre manière de calculer l'espace parcouru par un corps qui tombe, quand on sait combien de secondes ce corps a mis à tomber. On multiplie d'abord ce nombre de secondes par lui-même, ce qui s'appelle faire le *carré du temps.* Par exemple, si le corps a mis 2 secondes à tomber, on fait le carré du temps en disant 2 $\times$ 2 = 4. 4 est donc le carré de 2. On multiplie ensuite 4^m,9 par le carré du temps. 4^m,9 $\times$ 4 = 19^m,6.

Le corps a donc parcouru, pendant 2 secondes, 19 mètres 6

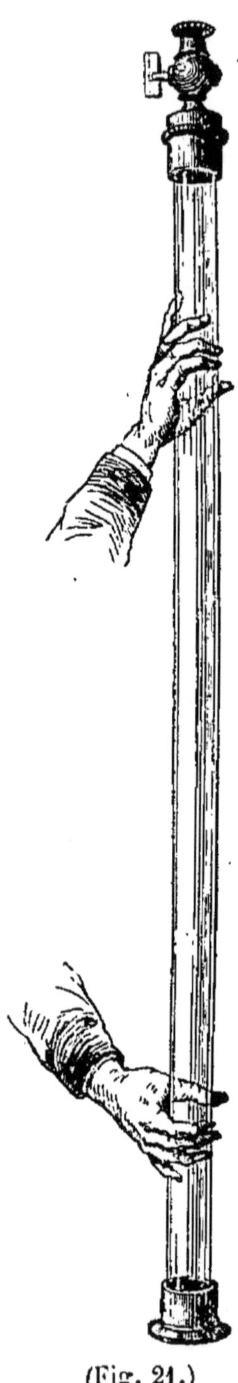

(Fig. 21.)

essayait de recevoir mes bulles dans son tablier; mais elle n'y réussissait presque jamais; les bulles s'en allaient de côté et d'autre, et souvent remontaient en l'air au lieu de tomber, pourquoi?

Mlle L. — Parce que ces bulles, étant plus légères que l'air, se trouvaient portées par lui; c'est ainsi que la fumée s'élève et se disperse dans l'air. Lorsque vous voyez un corps qui reste suspendu dans l'air sans tomber, c'est que ce corps est léger et qu'il est soutenu par les molécules de l'air. L'air oppose aussi à la chute d'un corps plus ou moins de résistance, suivant la forme de ce corps. Ainsi, une feuille de papier, jetée par la fenêtre, peut voltiger longtemps avant de tomber, parce que, à cause de sa forme mince et étendue, elle est soutenue par une grande quantité de molécules d'air; mais si vous froissez cette feuille et si vous en faites une petite boule avant de la jeter, elle tombera aussitôt, parce qu'elle n'éprouvera pas la résistance d'une aussi grande étendue d'air.

S'il n'y avait pas d'air, le papier, la fumée, le duvet et tous les corps légers tomberaient aussi vite que le plomb et les pierres.

JACQUES. — Comment le sait-on ?

Mlle L. — On fait l'expérience suivante : on place dans un tube de verre, c'est-à-dire un tuyau de verre, long à peu près de deux mètres, du papier, du duvet et du plomb ; on ajoute une petite pierre si l'on veut. A l'aide d'une machine que je vous expliquerai bientôt[1], on retire l'air du tube. Ensuite on retourne brusquement le tube de haut en bas, et alors, à travers le verre, on voit le papier et le duvet tomber aussi vite que la pierre et le plomb (*fig.* 21).

CHAPITRE XII

La Pesanteur.

(*Suite.*)

La balançoire. — Galilée et la lampe de Pise. — Le pendule. — Balanciers des horloges. — Direction de la pesanteur.

Mlle LAURENCE. — En avez-vous assez de la balançoire ?

MARGUERITE. — Encore un coup, Mademoiselle, et puis ce sera fini, voulez-vous ?

Mlle L. — Je vais vous lancer aussi haut que je pourrai dans les arbres, et ensuite je vous abandonne.

JACQUES. — Je vais vous aider, Mademoiselle.

MARG. — Oh ! me voilà dans les feuilles.

JACQUES. — Es-tu contente ?

Mlle L. — Reposons-nous maintenant, en la regardant mourir.

JACQUES. — Elle en a encore pour longtemps ; cette balançoire est très-bonne ; avant de l'avoir, j'en avais fait

---

1. La machine pneumatique.

une moi-même, en attachant une corde aux deux arbres que vous voyez là-bas; mais elle était bien ennuyeuse, ma balançoire; dès qu'on cessait de faire aller, elle s'arrêtait. Savez-vous pourquoi?

Mlle L. — Probablement parce que la corde frottait beaucoup contre les arbres auxquels elle était attachée, et que ce frottement arrêtait le mouvement. Dans cette balançoire-ci, la corde frotte bien encore un peu, mais moins, et elle conserve plus longtemps son mouvement.

JACQUES. — Et si la corde ne frottait pas du tout, est-ce qu'elle irait toujours?

Mlle L. — Il est impossible de la suspendre sans qu'elle éprouve un petit frottement au point où elle est suspendue; mais quand même elle n'éprouverait plus ce frottement, elle finirait encore par s'arrêter, parce que la pesanteur est là.

JACQUES. — La pesanteur, qu'y fait-elle?

Mlle L. — Avant que nous nous en servions, la balançoire était en équilibre, c'est-à-dire immobile; le siége, par son poids, tirait la corde vers la terre et maintenait cette corde tendue de haut en bas. En poussant la balançoire nous avons dérangé cet équilibre, nous avons donné le mouvement à la balançoire; mais maintenant que nous n'y touchons plus, la pesanteur, elle, continue à agir, et elle ramènera peu à peu la balançoire immobile vers la terre.

JACQUES. — Pourquoi n'arrête-t-elle pas la balançoire, dès que Marguerite est près de la terre?

Mlle L. — Parce que la vitesse qu'a acquise la balançoire en descendant de la hauteur du marronnier, cette vitesse, dis-je, est une force qui pousse la balançoire jusqu'en haut du petit tilleul sous lequel sont vos trois petits amis, derrière Marguerite (*fig.* 22). Arrivée vers le tilleul,

(Fig. 22.) — Les oscillations de la balançoire.

Marguerite redescend par son propre poids vers la terre, mais en descendant, elle acquiert une nouvelle vitesse qui lui fait encore dépasser la direction de la pesanteur, et la pousse encore en avant de notre côté. Mais à chaque nouvelle *oscillation*, c'est-à-dire à chaque nouvelle allée et venue de la balançoire, Marguerite va moins haut, et tenez la **voici** qui ne bouge presque plus, la balançoire s'arrête.

Un jour, Galilée, ce savant dont je vous ai déjà parlé, se trouvant dans la cathédrale de Pise, remarqua, dit-on, la régularité des *oscillations* ou balancements d'une lampe suspendue à la voûte; il s'aperçut que ces oscillations, tout en devenant de moins en moins étendues, mettaient le même temps à se produire. Rentré chez lui, Galilée fit d'autres expériences, en suspendant un poids au bout d'un fil pour le faire osciller. Un corps ainsi suspendu et qui oscille s'appelle *un pendule*. Galilée vit que, plus le fil de son pendule était long, plus les oscillations étaient lentes, et que plus le fil était court, plus les oscillations étaient rapides (*fig. 23*).

JACQUES. — Je crois que je comprends maintenant pourquoi l'on ne peut aller vite sur cette balançoire-ci; c'est probablement parce que la corde est très-longue?

Mlle L. — C'est cela.

JACQUES. — Sur la petite balançoire que j'avais faite, on allait très-vite.

Mlle L. — C'est que la corde était plus courte. Dans les horloges où il y a des balanciers, quelquefois il arrive que l'horloge retarde ou avance; elle retarde quand le balancier est trop long, et elle avance quand le balancier est trop court.

JACQUES. — Mais des balanciers ne s'allongent pas ou ne se raccourcissent pas tout seuls? Comment se fait-il que des horloges qui allaient bien, se mettent tout d'un coup à retarder ou à avancer?

Mlle L. — C'est que la chaleur allonge les tiges en métal des balanciers, tandis que le froid les raccourcit.

JACQUES. — Comment la chaleur peut-elle allonger ces tiges?

Mlle L. — La chaleur les dilate, c'est-à-dire éloigne les unes des autres les molécules du métal, ce qui allonge; le froid rapproche ces molécules, ce qui raccourcit.

JACQUES. — Mais quand la chaleur dilate les solides, je croyais que ces solides devenaient liquides?

Mlle L. — Avant de devenir liquides, ils commencent à se dilater, sans perdre leur état solide.

JACQUES. — Alors, il n'y a pas moyen d'avoir des horloges allant toujours bien?

Mlle L. — Si, parce que dans les horloges très-bien conditionnées, on est parvenu à rendre nul l'effet de l'allongement

(Fig. 23.)

ou du raccourcissement des balanciers. Quand vous étudierez la physique avec plus de détails, vous verrez ce qu'on a imaginé pour arriver à ce résultat.

JACQUES. — Voici Marguerite qui revient vers nous.

Mlle L. — Voyez la balançoire, elle est maintenant tout-à-fait immobile. Si la planche servant de siége ne rapprochait pas un peu les deux cordes de la balançoire, vous verriez ces deux cordes, partout à la même distance l'une de l'autre, et parfaitement droites de haut en bas. Cette direction que prendraient les cordes sans le siége, serait la *direction même de la pesanteur;* on l'appelle aussi la *direction verticale,* et encore la *direction du fil à plomb,* parce que toutes les fois qu'ou veut avoir cette direction, on l'obtient en suspendant un morceau de plomb au bout d'un fil (*fig.* 23); le fil, tendu par le plomb, a la direction suivant laquelle tous les corps tombent sur la terre, lorsqu'on les abandonne dans l'espace, et qu'aucune autre force ne vient les pousser dans un autre sens.

Comme à toute la surface de la terre, le fil à plomb a une direction droite de haut en bas, on peut dire que si on perçait une orange avec une infinité d'aiguilles de bas, de manière à réunir au centre de l'orange tous les bouts des aiguilles qui la percent; et si on prenait cette orange pour figurer la terre, tous les bouts des aiguilles qu'on verrait sortir de l'orange, pourraient représenter la direction d'une infinité de fils à plomb sur tous les points de la terre, ou, ce qui est la même chose, la direction de la pesanteur à toute la surface de la terre. (Voyez *fig.* 20, page 65.)

CHAPITRE XIII

La Pesanteur.

(*Suite.*)

CENTRE DE GRAVITÉ.

Ce que c'est que le centre de gravité. — Influence de sa place dans un volant, dans un pain de sucre, dans un bateau, dans une voiture, etc. — Centre de gravité, cause d'un grand nombre de nos mouvements.

MARGUERITE. — Jacques, veux-tu jouer aux raquettes?

JACQUES. — On ne peut pas jouer avec ton volant, il est trop mauvais.

Mlle LAURENCE. — Qu'a-t-il donc, ce volant?

JACQUES. — Il est trop vieux.

Mlle L. — En voilà, une raison! Faites donc voir?

MARG. — Le voici.

Mlle L. — Je crois bien, qu'il ne peut pas aller! il lui manque huit plumes, toutes du même côté.

JACQUES. — Il va tout de travers.

Mlle L. — Nous allons l'arranger.

JACQUES. — Comment?

Mlle L. — Pouvez-vous me dire de quel côté il penche?

MARG. — Cela doit être du côté où il manque des plumes.

Mlle L. — Sans aucun doute, parce que les plumes, en offrant une résistance à l'air, diminuent la vitesse de la chute. Avez-vous des plumes à me donner pour en remettre à ce volant?

MARG. — Non, Mademoiselle, je n'en ai pas.

Mlle L. — Alors, puisqu'il en reste huit à côté les unes des autres, je vais espacer ces huit, de manière à avoir partout une plume entre deux places vides. Ainsi, la pesanteur n'agira pas plus d'un côté que de l'autre, et le volant ira droit.

MARG. — Mademoiselle, comment se fait-il que ce soit toujours le bouchon du volant qui tombe sur la raquette, et non les plumes?

Mlle L. — Parce que le bouchon, avec la peau et les galons qui le garnissent, est la partie la plus pesante du volant, et celle qui entraîne les plumes en tombant. Vous verrez toujours un corps tomber du côté de sa partie la plus lourde. Il y a dans tous les corps une partie qui entraîne les autres, un point où se réunissent toutes les actions de la pesanteur sur chaque molécule pour faire tomber un corps; ce point s'appelle *centre de gravité.* Un corps ne peut être en *équilibre,* c'est-à-dire rester dans la position où il se trouve, sans bouger, sans tomber, que quand son centre de gravité qui l'entraîne dans la direction de la pesanteur, rencontre dans cette direction la base du corps, c'est-à-dire le côté sur lequel ce corps s'appuie; et un corps est d'autant plus solidement en équilibre, que le centre de gravité se trouve placé bas dans ce corps. Voilà pourquoi un pain de sucre est si solide sur sa base, c'est que le centre de gravité, dans un pain de sucre (*fig.* 24), est placé très-bas, et que, de plus, une ligne verticale [1] passant par ce centre de gravité C, tombe au centre de la base B du pain de sucre, ce qui est encore une cause de plus grande solidité. Mais si vous vouliez faire tenir le pain de sucre debout, en le renversant de haut en bas, et en coupant un petit morceau de son sommet (*fig.* 25), vous y parviendriez, parce que, à cause de la forme du pain de sucre,

____

1. Voyez chapitre précédent, page 74.

une ligne verticale descendant du centre de gravité C, tomberait au milieu de la base E ; seulement, ce centre de gravité serait placé si haut, relativement à l'étendue de la base, que le moindre mouvement qu'on imprimerait au pain de sucre ainsi renversé jetterait son centre de gravité hors de sa base, et ferait tomber le pain du sucre.

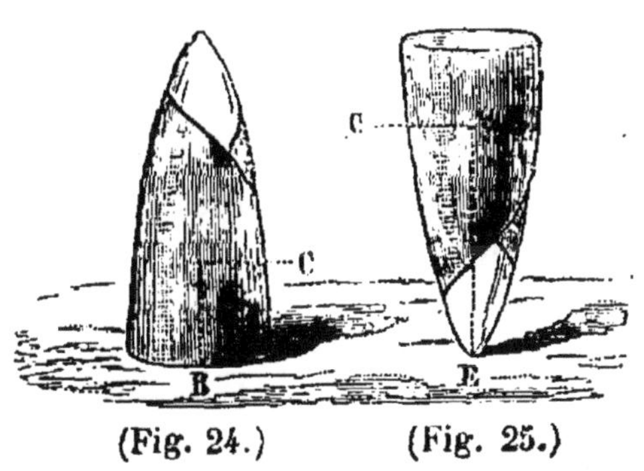

(Fig. 24.)   (Fig. 25.)

Donc, plus le centre de gravité d'un corps est placé bas, et plus ce centre de gravité se rapproche de la ligne verticale qui tombe au milieu de sa base, moins ce corps est facile à renverser. Il est souvent très-important de connaître ce fait ; je vais vous en donner un exemple. Un jour, je me trouvais dans un petit bateau avec quatre autres personnes ; une tempête nous surprit, et le vent se mit à souffler si fort, que nous craignions à chaque instant de voir le moment où notre batelet allait être renversé. Notre frayeur était si grande et nous agitait tellement, que nous nous étions tous levés de nos siéges, ne pouvant plus tenir en place, et le batelet n'en chavirait que plus fort, car nous élevions ainsi le centre de gravité de ce batelet, qui ne faisait qu'un avec nous. Mais heureusement, notre rameur nous cria de nous coucher dans le fond du bateau, ce que nous fîmes immédiatement. En nous couchant, nous abaissions le centre de gravité de notre embarcation; à partir de ce moment, le bateau donna moins de prise au vent; et enfin, le savoir du rameur, ainsi que sa présence d'esprit, nous sauvèrent du péril.

Vous avez pu voir quelquefois, à la campagne, des chars de foin tellement chargés haut, qu'ils chancellent à chaque pas (*fig.* 26); c'est que le centre de gravité de tout le poids de la voiture et du foin, ce centre de gravité, dis-je, se trouve placé très-haut. Par la même raison, les anciennes diligences dont on chargeait beaucoup les impériales de voyageurs et de bagages, versaient assez souvent.

(Fig. 26.)

Sans qu'on s'en doute, ou sans qu'on y pense, le centre de gravité règle la plupart de nos mouvements.

JACQUES. — Comment cela?

Mlle L. — Un homme qui porte un fardeau sur son dos s'incline en avant (*fig.* 27), et s'il le porte sur sa poitrine, il s'incline en arrière; lorsque le fardeau est sur son épaule ou sous son bras, ou à sa main, celui qui le porte se penche de l'autre côté (*fig.* 28) ; lorsque nous montons un escalier ou que nous nous levons de dessus une chaise, nous nous penchons en avant ; enfin, lorsque nous glissons d'un pied, nous étendons machinalement le bras opposé au côté qui va tomber, et tout cela, pour ramener notre centre de gravité au-dessus de notre base, c'est-à-dire au-dessus de nos pieds ou entre nos pieds.

(Fig. 28.)   (Fig. 27.)

Il peut être très-utile, dans beaucoup de cas, de connaître la manière dont on trouve le centre de gravité d'un corps ; je ne vous le dis pas maintenant, parce que cela vous serait peut-être un peu difficile à comprendre ; mais je veux que vous sachiez qu'on peut le trouver, et je vous engage à l'apprendre plus tard.

CHAPITRE XIV

La Pesanteur.

(Suite.)

Jeu de bascule. — Balance des comptoirs. — Bascule des gares
de chemin de fer.

Mlle LAURENCE. — Avez-vous fait quelquefois des bas-
cules pour vous amuser?

JACQUES. — Non, Mademoiselle, qu'est-ce que c'est?

(Fig. 29.)

Mlle L. Si vous voulez, nous allons en faire une; voici
justement un arbre coupé et renversé à terre, et un peu
plus loin une grande planche, c'est tout ce qu'il nous faut.
Venez m'aider à porter la planche; nous allons la mettre

en croix sur l'arbre renversé. C'est cela; mettons bien le milieu de la planche sur le tronc, afin qu'elle ne tombe ni d'un côté ni de l'autre.

Cette planche, en croix sur ce tronc, va faire comme une balance; si Marguerite s'assied d'un côté et Jacques de l'autre, chacun de vous montera et descendra tour à tour; car une balance (*fig.* 29), comme celles que l'on voit sur les comptoirs, est composée d'une barre de fer appelée *fléau* A B qui est partagée par son appui O, comme notre planche par ce tronc, en deux parties égales; chacune de ces parties, qu'on appelle les *bras du fléau*, supporte un *bassin* ou *plateau*. Pour que la balance soit juste, il faut que les deux plateaux se fassent équilibre, c'est-à-dire que l'un n'entraîne pas l'autre.

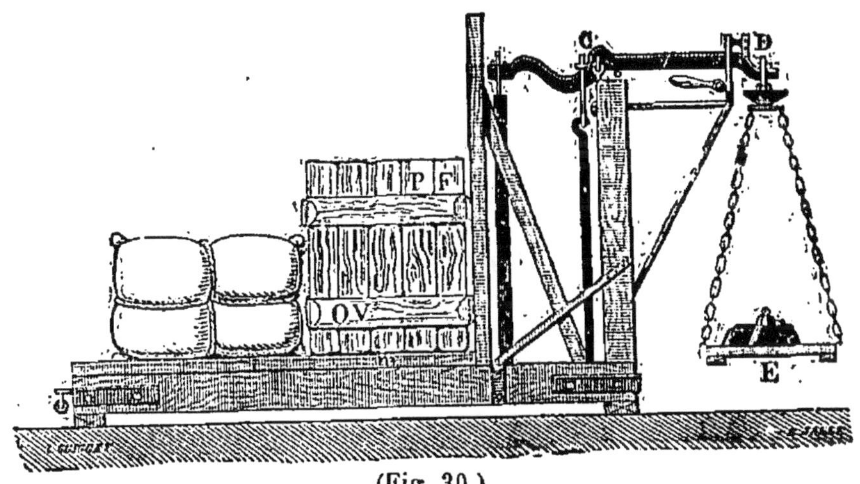

(Fig. 30.)

JACQUES. — Essayons notre bascule.

MARGUERITE. — Mademoiselle, cela n'ira pas du tout, parce que, comme je suis plus lourde que Jacques, je l'entraînerai toujours, de sorte que je resterai en bas, tandis que lui restera en l'air sur la planche.

Mlle L. — Vous avez raison; mais il y a moyen d'y

remédier; en mettant la planche plus courte du côté de Marguerite, Jacques pourra la soulever. Dans les gares de chemin de fer et dans les maisons de commerce, où l'on pèse de lourdes charges, on se sert d'une sorte de balance qu'on appelle une *bascule* (*fig.* 30); l'un des bras de cette balance étant beaucoup plus long que l'autre, le poids qu'on place de ce côté du bras le plus long, soulève un fardeau beaucoup plus lourd situé du côté opposé; on dit que la bascule est *au dixième*, quand, pour peser un corps, il suffit d'un poids dix fois plus faible que ce corps.

CHAPITRE XV

La Force centrifuge.

Écuyers et chevaux du cirque. — Étourdissements de la valse. — Verre plein d'eau tournant avec un cerceau sans se renverser.

MARGUERITE. — Mademoiselle, hier, nous avons été au cirque; j'ai remarqué une chose dont je ne me rends pas compte; pourriez-vous me dire pourquoi les écuyers et les chevaux, en tournant, se penchent toujours vers le milieu du cirque?

JACQUES. — Parce que, s'ils ne se penchaient pas ainsi, ils seraient lancés vers les spectateurs, et ils tomberaient sur eux, ce qui ne serait agréable ni pour les uns ni pour les autres.

MARG. — Très-bien; mais pourquoi tomberaient-ils? Quand ils ne tournent pas, ils ne se penchent pas comme cela ; ils sont tout droits sur leurs chevaux et ne tombent pas ; il n'y a que quand ils commencent à tourner, qu'ils commencent à se pencher, et plus ils tournent vite, plus ils se penchent.

Mlle LAURENCE. — Plus les écuyers tournent vite, plus ils se sentent entraînés, poussés loin du centre de l'arène ; et c'est pour résister à cette force qui les entraîne, en lui opposant le poids de leurs corps, qu'instinctivement, écuyers et chevaux se penchent vers le centre. *Tout corps qui tourne produit une force qui tend à l'éloigner du centre autour duquel il tourne.* On a donné à cette force le nom de *force centrifuge.*

Les étourdissements qu'on éprouve lorsqu'on tourne rapidement, lorsqu'on valse, par exemple, proviennent encore de la force centrifuge, parce que les pieds sur lesquels on tourne, forment alors le centre du mouvement, et de ce centre s'éloignent les fluides que nous avons en nous ; ces fluides montent au cœur et à la tête, et produisent ainsi ces malaises.

Voici une expérience bien facile à faire et qui vous prouvera cette force dont je vous parle : attachez un corps quelconque, soit un petit morceau de bois, à l'extrémité d'un fil, puis, en tenant à la main l'autre bout du fil, faites tourner cet objet ; vous verrez qu'en tournant, il tirera le fil, et qu'il le tirera d'autant plus fort, qu'il sera plus lourd et que vous tournerez plus vite ; il pourra même arriver que le fil trop tendu finisse par se casser.

Je vais vous indiquer une autre expérience qui vous amusera peut-être : on suspend une fiole pleine d'eau au bout d'une ficelle ; puis, sans boucher la fiole, prenant à la main l'autre bout de la ficelle, on la fait tourner en l'air, en lui faisant faire la roue. L'eau reste dans la fiole, tant que celle-ci tourne ; c'est la force centrifuge qui se développe par ce mouvement de rotation [1], et cette force centrifuge repousse, loin de la main, la fiole et l'eau qui tournent autour d'elle.

J'ai fait quelquefois une expérience semblable, en mettant un verre d'eau sur un cerceau, et en faisant tourner très-vite le cerceau dans l'air, en le tenant avec la main.

La force centrifuge et la pesanteur sont souvent opposées l'une à l'autre; je vous dirai bientôt quel effet produit l'opposition de ces deux forces, quand je vous parlerai des mouvements des astres.

CHAPITRE XVI

La Lune.

Sa lumière. — Ses phases. — Son volume. — Sa distance de la terre. — Ses montagnes et ses vallées. — Pourquoi nous voyons toujours la même moitié de la lune.

MARGUERITE. — Pourquoi les rayons de la lune sont-ils si pâles, à côté de ceux du soleil?

Mlle LAURENCE. — C'est que le soleil brille par lui-même comme une flamme, tandis que la lune n'est lumineuse que parce qu'elle est éclairée par le soleil dont elle nous renvoie les rayons.

MARG. — Je ne comprends pas bien.

Mlle L. — Quand vous vous trouvez dans une chambre obscure, vous ne voyez pas les objets qui sont dans cette chambre; mais si l'on apporte une lumière, tous ces objets paraissent et brillent à vos yeux; ainsi la

----

1. On appelle mouvement de *rotation*, le mouvement d'une chose qui tourne.

lune ne brille que parce qu'elle est éclairée par le soleil.

M^{arg}. — Cependant, nous ne voyons pas ensemble la lune et le soleil? Comment le soleil peut-il éclairer la lune pendant la nuit?

Mlle L. — Quand la lune est au-dessus de notre horizon [1], et le soleil au-dessous, ce dernier peut bien éclairer la lune sans que nous le voyions.

Supposons que vous soyez à la ville, que vous ayez un réverbère au premier étage de votre maison, et que vous ayez un balcon juste au-dessus du réverbère. Si vous allez le soir sur votre balcon, vous ne voyez pas le réverbère qui est au-dessous de vous; mais la muraille en face de vous est éclairée par ce réverbère, et vous envoie de la lumière. De même, la lune ne nous envoie que la lumière qui lui vient du soleil.

M^{arg}. — Pourquoi la lune est-elle quelquefois ronde, tandis que d'autrefois elle a la forme d'un croissant?

Mlle L. — Parce que la lune tourne autour de la terre, et selon la place où elle se trouve dans le ciel, nous en voyons une plus ou moins grande partie éclairée par le soleil.

M^{arg}. — Le soleil ne l'éclaire donc pas tout entière?

Mlle L. — D'abord il ne peut jamais en éclairer qu'une moitié à la fois. Placez une boule quelconque devant une lumière, et dites-moi s'il ne reste pas toujours une moitié de cette boule dans l'ombre?

M^{arg}. — Alors nous ne pouvons voir qu'une moitié de la lune?

Mlle L. — Sans doute, et lorsque nous voyons cette moitié toute ronde, nous l'appelons la *pleine lune*. Je vais vous expliquer pourquoi nous la voyons d'autres fois en forme de croissant. Prenons notre éternelle bougie qui fait

1. Voir l'*horizon* dans le chapitre de *la Terre*, page 3.

le soleil, notre éternelle orange qui figure la terre, et ajou-
tons-y une petite pomme d'api qui représentera la lune.

JACQUES. — Voici tous ces objets (*fig.* 31).

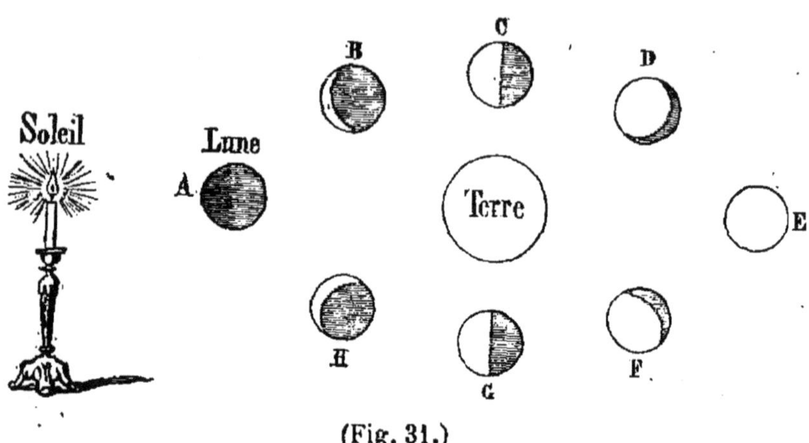

(Fig. 31.)

Mlle L. — Merci. Je place la bougie devant moi. Jacques, tenez l'orange un peu éloignée de la bougie, pendant que je vais faire tourner la pomme autour de l'orange,
comme la lune tourne autour de la terre. Supposons maintenant qu'il y ait sur l'orange, représentant la terre, une
petite fourmi qui regarde la pomme, laquelle représente la
lune. Cette fourmi sera comme un habitant de la terre regardant la lune; que voit-elle? Quand la pomme passe entre
la bougie et l'orange, à la place A, la fourmi ne voit rien
du tout, parce que la moitié éclairée de la lune est du côté
de la bougie, et la fourmi ne peut la voir, n'ayant de son
côté que la moitié dans l'ombre; mais, à mesure que la
pomme tourne, en s'avançant vers la place B, la fourmi
commence à voir un petit morceau éclairé de la pomme.
Quand la pomme est arrivée à la place C, elle a fait le
quart de son tour; elle a bien toujours une moitié éclairée par le soleil, mais la fourmi n'en voit qu'un quart
d'éclairé, et ce quart a la forme d'un croissant, comme le

quart d'une pomme. Quand la pomme passe à la place D, la fourmi en voit une plus grande partie éclairée; quand elle arrive à la place E, elle a fait la moitié de son tour; la fourmi voit toute la moitié éclairée, c'est alors la *pleine lune*.

Quand la lune passe à la place F, la fourmi commence à n'en plus voir toute la moitié. Quand elle arrive à la place G, la lune a fait les trois quarts de son tour; le soleil en éclaire bien toujours une moitié; mais la fourmi ne peut voir que la moitié de cette moitié éclairée, c'est-à-dire le quart, et ce quart a encore la forme d'un croissant. Quand la lune passe à la place H, le croissant est, comme à la place B, plus petit, plus mince, parce que la fourmi ne voit plus qu'une plus petite partie encore de la moitié éclairée de la pomme.

Enfin, la pomme revient en A, entre la bougie et l'orange; alors la fourmi ne voit plus aucune partie de la lune éclairée; la fourmi n'a pas de lune ce soir-là.

Nous sommes sur la terre comme la fourmi sur l'orange; et les aspects différents sous lesquels la lune se présente à nos yeux, s'appellent les *phases de la lune*.

En regardant le croissant de la lune, nous pouvons savoir de quel côté le soleil l'éclaire vers l'horizon.

Jacques. — Comment?

Mlle L. — Vous voyez sur la pomme que les pointes éclairées du croissant sont du côté opposé à la bougie. Eh bien, les pointes du croissant de la lune sont aussi du côté opposé au soleil.

Jacques. — La lune met-elle longtemps pour faire un tour?

Mlle L. — 27 jours, 5 heures, 43 minutes.

Jacques. — Est-elle aussi grosse que le soleil?

Mlle L. — Oh! non. Je vous ai dit que le soleil est environ 1,400,000 fois plus gros que la terre ; eh bien, la terre est encore 49 fois plus grosse que la lune. Pour vous donner une idée des proportions de volume, c'est-à-dire de grosseur, entre la lune, la terre et le soleil, je vous dirai qu'une orange est à peu près 49 fois plus grosse qu'une noisette, et qu'un ballon rond, qui en touchant à terre atteindrait le deuxième étage d'une maison, serait à peu près 1,400,000 fois plus gros qu'une orange.

Marg. — Pourquoi la lune paraît-elle aussi grosse que le soleil ?

Mlle L. — Parce qu'elle est beaucoup moins loin de nous. Une locomotive allant de la terre à la lune sans s'arrêter, et faisant 8 lieues par heure, arriverait vers la lune au bout d'un an, 4 mois et 10 jours, tandis qu'il faudrait 500 ans à la même locomotive, pour aller de la terre au soleil.

Jacques. — Je voudrais bien aller dans la lune, pour voir de près comment elle est.

Mlle L. — Avec d'excellents télescopes, c'est-à-dire de grandes lunettes faites exprès pour mieux voir les astres, on distingue des montagnes sur la lune.

Jacques. — Y a-t-il des habitants ?

Mlle L. — On ne sait pas ; mais on croit que s'il y en a, ils ne peuvent pas nous ressembler, parce qu'on ne voit pas d'atmosphère [1] autour de la lune, comme il y en a une autour de la terre ; et vous savez que sans atmosphère, nous ne pourrions pas respirer, par conséquent pas vivre.

Marg. — S'il y a des habitants dans la lune, ils regardent peut-être notre terre, pendant que nous regardons leur lune ?

Mlle L. — C'est possible, et alors la partie de la terre

____
1. Voir le chapitre de *l'Atmosphère*, page 46.

que le soleil éclaire, brille pour eux, comme la lune brille pour nous.

JACQUES. — Mademoiselle, avez-vous remarqué? La pleine lune ressemble à une figure qui nous regarde; on dirait qu'elle a des yeux, un nez et une bouche.

Mlle L. — Oui, ce sont des taches qui sont ainsi singulièrement placées sur la lune, de façon à lui donner l'aspect d'un visage.

JACQUES. — Qu'est-ce que c'est que ces taches?

Mlle L. — Ce sont des ombres de montagnes. Quelques autres taches sont produites, pense-t-on, par la couleur des terrains, ou par des vallées profondes qui se trouvent à la surface de la lune. Nous voyons toujours sur la lune les mêmes taches, c'est-à-dire les mêmes montagnes et les mêmes vallées, ce qui prouve que nous ne voyons jamais que la même moitié de la lune. Si nous voyions l'autre moitié, il est probable que nous verrions d'autres montagnes, et par conséquent d'autres taches qui ne seraient pas disposées sur la lune de la même manière.

JACQUES. — La lune ne tourne donc pas comme une toupie, de même que la terre?

Mlle L. — Non, la lune tourne autour de la terre, comme une personne qui tournerait autour d'un arbre, en regardant toujours cet arbre; de sorte que de l'arbre, on verrait toujours la figure de cette personne, mais on ne verrait jamais son dos.

MARG. — Alors il n'y a que les habitants d'une moitié de la lune qui puissent nous voir?

Mlle L. Il est évident que pour nous voir de la lune, il faut être sur cette moitié de la lune qui nous regarde.

JACQUES. — Eh bien, les habitants qui ne sont pas sur cette moitié peuvent y venir; nous valons bien la peine qu'on fasse ce petit voyage pour nous voir.

CHAPITRE XVII

Les Éclipses.

Éclipse de soleil. — Éclipse de lune. — Anecdote.

JACQUES. Mademoiselle, pourquoi ne voyons-nous pas la lune tous les soirs ?

Mlle LAURENCE — Parce que très-souvent la lune se trouve le soir sous notre horizon [1], en même temps que le soleil.

MARGUERITE. —Quand la lune, en tournant, passe entre le soleil et la terre [2], elle devrait nous cacher le soleil ?

Mlle L. — Cela arrive quelquefois ; alors nous avons une ombre sur une partie de la terre, et nous voyons la forme ronde de la lune qui passe devant le soleil ; c'est ce qu'on appelle une *éclipse de soleil* (*fig.* 32).

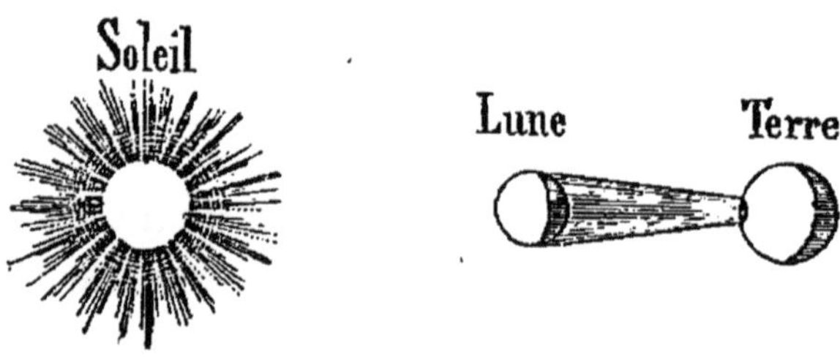

(Fig. 32.)

JACQUES. — Il doit y en avoir bien souvent ?

Mlle L. — Non, parce que la lune en faisant son tour, passe le plus souvent un peu au-dessus ou un peu au-dessous de l'endroit d'où elle nous cacherait le soleil. Lors-

1. Voir l'*horizon* dans le chapitre de *la Terre*, page 3.
2. Voir les *phases de la lune*, chapitre précédent, page 86.

que c'est la terre qui se trouve entre le soleil et la lune,
l'ombre de la terre empêche la lune d'être éclairée par
le soleil; alors nous cessons de **voir la lune**, au moment
où elle passe dans l'ombre de la terre; c'est ce qu'on
appelle une *éclipse de lune* (*fig.* 33). Il n'y en a pas non
plus très-souvent, parce que généralement, la lune passe
un peu au-dessus ou un peu au-dessous **de l'endroit où**
elle se trouverait dans l'ombre de la terre. Cependant,
on a remarqué que quand une éclipse vient d'avoir
lieu, une éclipse semblable se produit 18 ans et 11 jours
après. On a fait encore sur les éclipses beaucoup d'autres
observations qui font connaître d'avance le jour et l'heure
d'une éclipse.

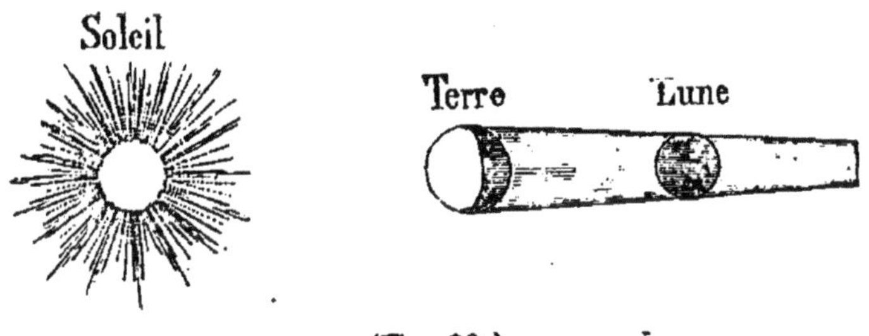

(Fig. 33.)

A ce sujet, je vais vous conter une histoire : Quand
Christophe Colomb, ce grand navigateur, retourna pour
la deuxième fois dans l'Amérique qu'il avait découverte,
il débarqua à la Jamaïque avec dix-sept vaisseaux espagnols. Les sauvages de cette île le reçurent fort mal et
résolurent de le laisser mourir de faim, lui et tous les
Espagnols qui l'avaient accompagné. Christophe Colomb
savait qu'il devait y avoir bientôt une éclipse de lune; il
réunit tous les sauvages qu'il put se faire amener devant
lui, et, leur reprochant leur dureté, il les menaça, leur
disant qu'ils verraient bientôt un exemple terrible de la
vengeance du Dieu des Espagnols, et il leur prédit que dès

le soir même, la lune s'obscurcirait à leurs yeux et leur refuserait sa lumière. L'éclipse commença effectivement quelques heures après. Les sauvages épouvantés, poussant des cris effroyables, allèrent se jeter aux pieds du prophète, en lui jurant de ne plus le laisser manquer de rien. Colomb, après s'être fait prier quelque temps, se radoucit, et leur promit de demander à son dieu de faire reparaître la lune. Elle reparut quelques moments après, et les naturels du pays, qui le regardaient déjà comme un homme d'une nature supérieure, furent convaincus qu'il disposait à son gré du ciel et de la terre.

CHAPITRE XVIII

L'Infini.

Les planètes et leurs satellites. — Les étoiles. — La voie lactée. — La gravitation universelle.

MARGUERITE. — Et les étoiles, qu'est-ce qui les fait briller ?

Mlle LAURENCE. — Il y en a beaucoup qui ne brillent comme la terre et la lune [1], que parce qu'elles sont éclairées par le soleil. Il n'y a pas que notre terre qui tourne autour de notre soleil; les astronomes, c'est-à-dire, les savants qui étudient les astres en les regardant avec ces grandes lunettes qu'on appelle des télescopes, les astronomes, dis-je, ont observé dans le ciel d'autres astres qui tournent aussi autour de notre soleil; ils appellent ces astres-là des *planètes*; ils ont vu, disent-ils, huit grandes planètes et des quantités de petites; ils ont donné aux

1. Voir dans le chapitre de *la Lune*, page 84.

grandes, les noms suivants : Mercure, Vénus, la Terre, Mars, Jupiter, Saturne, Uranus et Neptune. Les astronomes ont vu aussi des lunes qui tournent autour de quelques-unes de ces planètes, et ils appellent *satellites*, toutes ces lunes qui tournent autour des planètes.

MARG. — Cette raie blanche que l'on voit quelquefois dans le ciel quand il y a des étoiles, est-ce un nuage?

Mlle L. — Non, ce sont des centaines de millions et de millions d'étoiles, mais elles sont si loin, si loin de nous, que nous ne pouvons pas les distinguer; leur lumière ne peut parvenir jusqu'à nous, qu'en produisant cette raie blanche qu'on appelle la *voie lactée* et que vous avez remarquée dans les cieux étoilés.

MARG. — Comment sait-on que ce sont des étoiles?

Mlle L. — Parce qu'on les distingue, quand on regarde la voie lactée avec un télescope. En regardant ainsi le ciel, des astronomes ont vu des étoiles qui, paraissant simples à l'œil nu, se décomposent en deux ou plusieurs étoiles distinctes les unes des autres, et dans chacun de ces groupes d'étoiles, ils ont remarqué une étoile brillante, autour de laquelle tournent une ou plusieurs autres étoiles moins brillantes. Ces étoiles les plus brillantes paraissent donc être des soleils autour desquels tournent des astres comme la terre et la lune.

MARG. — Mademoiselle, puisque vous nous avez dit que la terre attire vers elle tous les corps plus légers qu'elle[1], comment se fait-il qu'elle n'attire pas la lune et que la lune ne tombe pas sur elle?

Mlle L. — Vous souvenez-vous de ce que je vous ai dit de la force centrifuge? — Tout corps qui tourne est repoussé du centre autour duquel il tourne[2].

1. Chapitre de *la Pesanteur*, page 66.
2. Chapitre de *la Force centrifuge*, page 83.

La lune se trouve donc, d'une part, *attirée* vers la terre par la *pesanteur* ou attraction de la terre ; d'autre part, elle en *est éloignée* par la *force centrifuge*. S'il n'y avait que la pesanteur, la lune tomberait sur la terre ; s'il n'y avait que la force centrifuge, cette dernière éloignerait tellement la lune de la terre, qu'il n'y aurait plus de lune pour nous ; mais la pesanteur et la force centrifuge agissant toutes les deux en même temps et continuellement, font que la lune, en tournant autour de la terre, ne se rapproche pas davantage de la terre, et ne s'en éloigne pas au delà d'une certaine limite.

De même, le soleil étant plus gros que la terre, attire la terre vers lui ; mais la force centrifuge l'en éloigne ; et la terre, en tournant autour du soleil, ne tombe point sur le soleil, pas plus qu'elle n'est rejetée hors de l'espace dans lequel elle tourne.

Ainsi, dans les mondes innombrables d'étoiles, d'autres terres tournent autour d'autres soleils, et d'autres lunes tournent autour d'autres terres ; c'est ce qu'on appelle la *gravitation universelle*.

Marg. — Et au delà de tous ces soleils, de toutes ces terres et de toutes ces lunes, enfin de toutes ces étoiles, qu'y a-t-il ?

Mlle L. — Encore d'immenses espaces, au milieu desquels on aperçoit avec des télescopes des millions et des millions d'autres étoiles ; et il est probable que si on avait de meilleurs lunettes encore, on verrait plus loin d'autres étoiles que l'on n'aperçoit pas avec les télescopes que l'on possède.

Marg. — Alors c'est donc toujours, toujours, qu'il y a des étoiles les unes au delà des autres ?

Mlle L. — On croit que c'est toujours.

Jacques. — Il y a cependant bien un endroit où cela finit?

Mlle L. — On croit qu'il n'y en a pas; après les millions de millions d'étoiles que l'on voit avec ses yeux, puis les autres millions de millions qu'on voit avec les télescopes, on suppose qu'il y en a des millions de millions encore, et toujours et toujours, les unes au delà des autres; la vie ne suffirait pas pour les compter; il n'y aurait pas assez de place sur toute la terre pour en écrire le nombre; car après celles-là, il y en aurait encore d'autres, et puis encore, et puis encore, encore, encore...

Mais je m'arrête, parce que je pourrais répéter le mot *encore* jusqu'à ce que je meure, sans l'avoir dit assez, puisque cela ne finit pas.

Comme cette poussière légère que nous voyons tourbillonner dans un rayon de notre soleil, tous ces mondes de soleils et d'étoiles forment, dans les espaces sans bornes, des flots de poussière dorée, molécules d'un tout immense, incompréhensible, que nous croyons sans fin, et que nous appelons l'*Univers* ou l'*Infini*.

CHAPITRE XIX

Orientation.

Un voyage. — Les ombres. — La Grande-Ourse. — La Petite-Ourse. — L'étoile polaire. — Les constellations.

Mlle Laurence. — Deux voyageurs faisaient route ensemble. Ils venaient de quitter une ville du midi et se rendaient vers le nord. Ils voyageaient à pied, tantôt grimpant sur les montagnes pour les franchir, tantôt en faisant le demi-tour, pour éviter une trop grande fatigue ; parfois côtoyant les bords d'une rivière tortueuse d'autres fois traversant l'ombre et la fraîcheur d'une forêt. Au milieu de tous ces accidents de terrain, l'un des voyageurs, nommé Igna, craignait toujours de se perdre : « Nous nous égarons, disait-il souvent à son ami ; depuis le temps que nous faisons tant de tours et de détours, je crois bien que nous ne marchons plus vers le nord. — Sois tranquille, lui répondait l'autre, nommé Savo, nous sommes sur notre chemin. » Et Savo marchait toujours tranquille, plein de gaîté, de bonne humeur, et jouissant de toutes les beautés des pays qu'il traversait. Savo n'avait pas de montre, et cependant il savait l'heure ; il n'avait pas de boussole, et il savait toujours de quel côté était le nord.

Le soir s'approchait, et l'inquiétude d'Igna en grandissait. Enfin, celui-ci n'y tenant plus, et se croyant tout à fait perdu, dit à son ami : « Savo, dis-moi, je t'en prie, pourquoi tu es si tranquille ? — C'est que je suis sûr de n'être pas perdu, répondit Savo ; si nous avons été obligés de quitter quelquefois le chemin du Nord, à cause des contours de la route, nous y sommes toujours revenus, et nous y sommes en ce moment. — A quoi le vois-tu ? — Au soleil. — Comment cela ? — Quand nous sommes partis, ce matin, le soleil était à notre droite, c'est-à-dire au Levant, et notre corps faisait de grandes ombres du côté opposé au soleil ; à mesure que nous marchions et que le temps s'écoulait, nos ombres diminuaient de longueur. A midi, nous n'avions presque pas d'ombre. C'est alors que nous nous sommes arrêtés pour déjeuner et dormir un peu sur l'herbe. Quand nous nous sommes réveillés, nos ombres avaient déjà commencé à se rallonger, car le soleil avait commencé à descendre de l'autre côté de l'horizon. A partir de ce moment, nous avons marché en ayant le soleil à notre gauche et nos ombres à notre droite ; car le soleil se couche à l'Ouest, et les ombres sont toujours du côté opposé au soleil. A mesure que les heures se sont écoulées, le soleil s'est approché de l'horizon, et nos ombres ont grandi ; maintenant, voici ces ombres aussi longues que ce matin quand noùs sommes partis, car voilà qu'il se fait tard, et le soleil va se coucher. Ainsi tu vois, mon cher, que jusqu'à midi, en ayant le soleil à notre droite et nos ombres à notre gauche, nous avons eu le Levant à notre droite et le Couchant à notre gauche ; depuis midi, en ayant le soleil à notre gauche et nos ombres à notre droite, nous avons encore le Couchant à notre gauche et le Levant à notre droite. Donc, quand on a le Levant à sa droite et le Couchant à sa gauche, on est sûr d'avoir le Nord devant soi et le Midi derrière soi [1].

— Eh bien, je comprends comment tu as pu être aussi tranquille et aussi gai depuis ce matin, ajouta Igna ; mais dans quelques minutes, nous n'allons plus avoir le soleil pour nous guider ; alors, que deviendrons-nous ? — Voilà, en effet, le soleil qui disparaît, répondit Savo ; asseyons-nous sur ce banc de gazon, tirons nos dernières provisions de nos sacoches et dînons gaîment, car nous ne passerons pas la nuit avant d'arriver où nous allons. En dînant, laissons à la nuit le temps de venir, elle nous amènera peut-être des étoiles, et les étoiles nous guideront tout aussi bien que le soleil. — Pour le coup, je n'y comprends rien, dit Igna. — Je te le montrerai, dès qu'elles auront paru, répondit son ami. »

Ils dînèrent donc ; le ciel s'obscurcit et les étoiles apparurent bientôt pour l'illuminer. Igna, encore anxieux, attendait l'explication promise. Les deux amis se levèrent

---

1. Voir *les Points cardinaux*, dans le chapitre *du Jour et de la Nuit*, page 16.

enfin et se remirent en route. Chemin faisant, Savo fit
remarquer à Igna les sept étoiles que voici (*fig. 34*), et
dont le groupe forme ce qu'on appelle *la Grande Ourse*
ou *le Grand Chariot*.

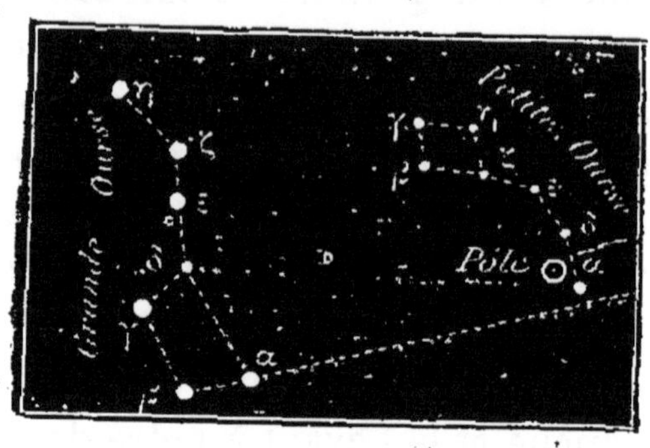

(Fig. 34.)

« Tu vois, dit-il, ces sept étoiles qui, par leur disposi-
sition, figurent un peu un chariot, ou encore mieux un
cerf-volant? Sur ces sept, il y en a quatre qui forment à
peu près le carré ou le cerf-volant, et les trois autres
font la queue. Regarde bien ces deux étoiles qui sont en
avant, et que j'appellerai l'une l'étoile *a*, l'autre l'étoile *b*.
Imagine-toi maintenant une ligne droite, passant comme
un fil par ces deux étoiles *b* et *a*, et se prolongeant indéfiniment dans le ciel. Tout près de cette ligne prolongée,
tu rencontreras une étoile qui forme la queue d'un autre
groupe de sept étoiles, ayant une disposition toute pa-
reille au groupe de la *Grande Ourse*, seulement plus petit,
et tourné dans un sens contraire. On l'appelle la *Petite
Ourse* ou le *Petit Chariot*. Eh bien, l'étoile vers laquelle
notre ligne prolongée nous mène, cette étoile qui est
à la queue de la *Petite Ourse* et qui est la plus brillante
des sept, c'est l'*étoile polaire*. Cette étoile-là se trouve
toujours dans la direction du pôle nord; tant que nous
marchons de son côté, nous nous dirigeons vers le Nord. »

Igna remercia Savo; toutes ces explications lui paraissant satisfaisantes, il se rassura, et il eut raison, car deux heures après environ, les deux amis arrivèrent au but de leur voyage.

Le lendemain, Igna voulut savoir où Savo avait appris des choses si utiles : « J'ai étudié un peu l'*astronomie*, répondit Savo. — Qu'est-ce donc que l'astronomie? — C'est l'étude des astres, c'est-à-dire de leur nature et de leurs mouvements. — Tu connais donc les noms de toutes les étoiles? dit Igna. — Oh! non, répondit Savo, d'abord parce qu'on ne les voit pas toutes, comme tu sais ; ensuite, parce que celles qu'on aperçoit sont encore en si grand nombre, qu'il aurait été impossible de donner à chacune un nom particulier ; mais on a remarqué des groupes d'étoiles qui forment dans le ciel des dessins d'étoiles, et l'on a vu que ces dessins restaient toujours les mêmes, les étoiles de chaque groupe ne paraissant pas changer de place les unes par rapport aux autres. Ces groupes s'appellent des *constellations*: ainsi la *Grande Ourse* est une constellation : la *Petite Ourse* est une autre constellation. On a seulement donné des noms à chaque constellation ; quant aux étoiles, on les désigne simplement par les lettres de l'alphabet grec ; les plus brillantes de chaque constellation portent le nom des premières lettres de l'alphabet, et ainsi de suite. Il y a dans cette étude (non l'étude des noms, mais celle de la nature et des mouvements des astres) tant de choses intéressantes, que quand j'ai appris à m'orienter, c'est-à-dire à connaître la direction d'un lieu, en quelque endroit que je me trouve, je n'ai pas d'abord fait grand cas de ce petit savoir, car je ne prévoyais pas qu'il pût si bien me servir aujourd'hui. — Ah! mon cher, ajouta Igna, on ne prévoit jamais tout ce qui peut vous être utile, c'est pourquoi il est toujours bon d'en savoir le plus possible, et je suis bien heureux d'avoir fait ce voyage avec toi, d'abord parce que tu es un charmant compagnon, puis, parce que tout seul, je ne m'en serais jamais tiré; et juge donc de notre embarras, si tu n'en avais pas su plus long que moi ! »

CHAPITRE XX

Minéraux. — Aérolithes.

Ce qu'on trouve dans la terre et ce qui tombe du ciel.

JACQUES. — Mademoiselle, où trouve-t-on l'or?

Mlle LAURENCE. — Dans la terre.

MARGUERITE. — Et l'argent?

Mlle L. — Dans la terre aussi.

JACQUES. — Et le fer?

Mlle L. — Dans la terre.

MARG. — Et le cuivre?

Mlle L. — Dans la terre. On trouve dans la terre tous les métaux, les uns purs, c'est-à-dire, sans être unis à d'autres corps; les autre combinés [1], ou mélangés avec d'autres substances. On trouve aussi dans la terre le sel, le charbon de terre [2] et toutes les pierres, même les pierres précieuses et les diamants. On donne le nom de *minéraux* à tous les corps inorganiques [3] que l'on trouve dans la

1. Voyez le chapitre des *Combinaisons chimiques*, page 45.
2. Le charbon de terre, ou *houille*, provient de plantes qui se sont accumulées dans la terre, et auxquelles la pression et la longueur de temps, peut-être des centaines de siècles, ont fait subir de telles transformations.
3. Voir *Corps inorganiques*, dans le chapitre *Constitution des corps*, page 30.

terre ou à sa surface; les métaux, les pierres [1], les sels, les charbons de terre ou houille et les diamants [2], sont donc au nombre des minéraux.

JACQUES. — On trouve donc tout dans la terre?

Mlle L. — Puisque nous habitons sur la terre, où voulez-vous que nous trouvions ailleurs tout ce que nous avons? Pensez-vous que toutes ces choses tombent du ciel?

JACQUES. — Vous nous avez tant fait regarder le ciel depuis quelque temps, que les astres ne me semblent plus étrangers, et que je ne serais presque pas étonné de voir quelque chose tomber d'un astre sur nous.

MARG. — En voilà une idée !

JACQUES. — Eh bien, à l'Exposition universelle de 1867 à Paris, j'ai vu, parmi les curiosités du Mexique, une très-grosse pierre noire qu'on nous a dit être tombée du ciel.

Mlle L. — C'est vrai, c'était un *aérolithe.*

MARG. — Qu'est-ce qu'un aérolithe ?

Mlle L. — Les aérolithes sont des sortes de pierres ou minéraux, plus ou moins gros, qui sont parfois tombés du ciel. On croit qu'ils viennent de globes enflammés nommés *bolides*, lesquels parcourent le ciel avec une rapidité excessive. Après une course plus ou moins longue, ces globes éclatent dans l'atmosphère ou sur la terre en y tombant, et avec un bruit comparable à celui du tonnerre.

1. La pierre de taille dont presque tous les bâtiments de Paris sont construits provient de coquillages d'animacules, c'est-à-dire de tout petits animaux dont une centaine ne ferait pas la grosseur d'un dé à jouer. Ces coquillages ont dû mettre des milliers de centaines d'années pour se réunir de manière à former des pierres.

2. Le diamant est le plus dur des minéraux; il prend quelquefois des teintes jaunâtres, brunâtres ou noirâtres. Outre son emploi, comme bijou, le diamant sert à couper le verre, ainsi qu'à percer les pierres dures et à y graver des dessins.

JACQUES. — Mais comment peuvent-ils s'enflammer?

Mlle L. — On croit que c'est la rapidité excessive de leur course qui les enflamme. Des astronomes disent que ces globes parcourent de 25 à 40 kilomètres par seconde. Tous les corps s'enflammeraient à moins.

MARG. — Pourquoi ?

Mlle L. — Parce que que tout mouvement produit de la chaleur, que cette chaleur est d'autant plus grande que le mouvement est plus rapide, et qu'elle est le plus souvent accompagnée de lumière. N'avez-vous jamais vu des étincelles jaillir de dessous les pieds des chevaux ?

JACQUES. — Oui, Mademoiselle, surtout la nuit, on les voit mieux.

Mlle L. — Eh bien, ce sont des parcelles qui se détachent du fer du cheval, par le choc de ce fer sur le pavé, et ces parcelles s'enflamment, se trouvant extrêmement chauffées par le choc et par la rapidité avec laquelle elles sont lancées dans l'air. Vous ne serez donc pas étonnés que des *bolides* s'enflamment en parcourant l'espace avec une vitesse de 25 à 40 kilomètres par seconde.

MARG. — Mademoiselle, je voulais encore vous demander quelque chose; qu'est-ce que les étoiles filantes ?

Mlle L. — J'allais justement vous le dire : les *étoiles filantes* ne sont, à ce que l'on croit, mais on n'en est pas sûr, que des *bolides* comme ceux dont je vous parlais tout à l'heure.

CHAPITRE XXI

Les Marées.

Légende bretonne. — Flux ou marée montante. — Reflux ou marée descendante. — Attraction de la lune. — Attraction du soleil. — Comment ces forces agissent sur les eaux de nos mers. — Grandes marées. — Morte-eau.

Mlle LAURENCE. — « Amel était un pêcheur ; il adorait sa femme Penhar et son petit enfant. Une fois, ils furent tous les trois surpris par la nuit au bord de la mer, dans les sables qui avoisinent le mont Saint-Michel. La mer montait, c'était grande marée, ils se sentaient perdus. Amel dit : « Ma femme, c'est ici notre dernière heure ; mets tes deux pieds sur mes deux épaules... Ainsi tu dureras plus longtemps... et aime bien mon souvenir. » Penhar obéit, et la mer monta, monta, ensevelissant de plus en plus le pauvre Amel. Quand Penhar vit disparaître le visage de son mari, elle dit : Ce n'est pas toi qui as la plus dure agonie ! » Puis comme elle enfonçait, que les eaux montaient ; à son tour elle prit l'enfant et l'éleva au-dessus d'elle, disant : « Mets tes deux petits pieds roses sur mes épaules, ainsi tu dureras plus longtemps... et aime bien le souvenir de ton père et de ta mère... »

La marée l'engloutit aussi ; l'enfant pleurait, son petit corps disparaissait peu à peu, il n'y avait dejà plus au-dessus de l'eau que l'or de ses cheveux blonds. Mais une bonne fée passa ; elle mit sa main dans les doux cheveux de l'enfant, et l'enfant sortit de sa tombe... « Comme tu es lourd ! » dit la fée. Une autre ·chevelure blonde se montra; la jeune mère n'avait pas lâché les petits pieds de son cher fils. La fée sourit et dit encore : « Comme vous êtes lourds tous deux ! »... C'était Amel qui n'avait pas lâché les pieds de sa chère Penhar.

Et la bonne fée prit son vol vers le rivage, emportant cette grappe humaine, cette chaîne vivante dont chaque anneau était une tendresse. »

Telle est la légende qu'on m'a racontée pendant que j'étais en Bretagne.

Jacques. — Qu'est-ce qu'une légende ?

Mᴵᴵᵉ L. — Vous le voyez, c'est un récit dont l'imagination ou la superstition font tous les frais; il y a cependant quelquefois, au fond d'une légende, une vérité sur laquelle on a brodé; mais cette vérité est si dénaturée, qu'il est souvent bien difficile de la découvrir.

Marguerite. — Que pensez-vous qu'il y ait de vrai dans cette légende bretonne que vous venez de nous raconter?

Mᴵᴵᵉ L. — Vous savez bien qu'il n'y a jamais eu de fée, et il est inutile de vous dire qu'Amel ni sa femme n'auraient pu tenir ainsi plongés dans l'eau, tout droits comme des pieux en terre. Voici peut-être tout bonnement l'histoire : le pêcheur Amel se trouva surpris par la marée montante, un jour qu'il se rendait au mont Saint-Michel avec sa femme et son jeune enfant; peut-être pour sauver ceux qu'il aimait, il les porta tous deux sur ses épaules, préférant ralentir sa fuite sous leur poids et risquer de mourir avec eux, plutôt que de se sauver seul; mais sa tendresse lui donna du courage et des forces, et il en fut récompensé, en les faisant échapper avec lui au naufrage.

JACQUES. — Ne sait-on pas d'avance l'heure à laquelle la mer doit monter ?

Mlle L. — Si, mais probablement Amel s'était attardé quelque part, et il s'était trompé sur l'heure, car toutes les six heures, la mer s'élève et s'avance sur le rivage ; gare alors au voyageur qui se trouve à pied près de ses bords, car la mer marche vite, surtout lorsqu'elle ne rencontre pas de grands rochers ou autres accidents de terrain qui ralentissent sa course. Six heures après, elle s'abaisse et s'éloigne, pour remonter encore six heures plus tard, et toujours ainsi.

JACQUES. — C'est quand la mer était basse que nous allions sur le sable chercher des coquillages.

Mlle L. — Quand les eaux s'élèvent, on donne à ce mouvement le nom de *flux* ou de *marée montante*; et quand elles s'abaissent, on donne à cet autre mouvement le nom de *reflux* ou de *marée descendante*.

JACQUES. — Qu'est-ce qui fait ainsi monter et descendre la mer ?

Mlle L. — C'est la lune et le soleil ; mais surtout la lune, parce qu'elle est beaucoup plus près de nous.

JACQUES. — Comment la lune peut-elle faire monter et descendre la mer ?

Mlle L. — Je vous ai parlé de la force d'attraction de la terre ou pesanteur[1]. Le soleil, la lune et tous les astres ont aussi une *force d'attraction,* c'est-à-dire une force qui *attire* vers eux d'autres corps. Cette force d'attraction est d'autant plus grande que l'astre est plus gros ; et elle est aussi d'autant plus grande, que l'astre est plus rapproché des corps qu'il attire.

L'eau, vous le savez, couvre les trois quarts de la sur-

[1]. Voyez chapitre de *la Pesanteur,* page 64.

face de la terre ; eh bien, voici comment la lune attire les eaux de ces mers en passant au - dessus d'elles : (*fig.* 35).

Quand la lune passe au-dessus de la mer A, les eaux de cette mer se trouvent fortement attirées par la lune ; alors elles se soulèvent, forment un renflement liquide, et produisent marée haute en cet endroit.

Le centre O de la terre est à son tour plus fortement attiré par la lune que les eaux de la mer B ; le centre de la terre s'avance donc un peu vers la lune, en entraînant avec lui toutes les parties solides du globe qui se tien-

(Fig. 35.)

nent, et en laissant en arrière les eaux de la mer B ; il

se forme alors dans ce lieu B, un second renflement liquide opposé au premier, c'est-à-dire qu'il y a aussi marée haute en cet endroit B.

En même temps, et pour fournir de l'eau à ces renflements liquides, les eaux des mers D et C se retirent, et il y a marée basse en ces endroits D et C.

Mais, à mesure que la lune tourne autour de la terre, elle entraîne avec elle les renflements qu'elle produit. Ainsi, quand elle passe environ six heures après au-dessus de la mer C, il y a marée haute en ces endroits C et D, tandis que c'est au tour des mers situées vers A et B d'avoir marée basse.

Et toujours ainsi, de sorte que dans tous les ports de mer, il y a deux marées hautes et deux marées basses par jour. Seulement, comme les jours sont de 24 heures, et que la lune met 24 heures 49 minutes pour faire un tour autour de la terre, les marées ont lieu chaque jour 49 minutes ou environ trois quarts d'heure plus tard que la veille.

MARG. — Ainsi, quand nous voudrons aller nous promener au bord de la mer, et ramasser des coquillages pendant la marée basse, il faudra bien nous informer de l'heure à laquelle a eu lieu la dernière marée, afin de ne pas nous laisser surprendre.

JACQUES. — Je ferais comme le pêcheur Amel, je vous porterais.

MARG. — Merci, mais en attendant j'aime mieux savoir l'heure des marées.

JACQUES. Il y a encore les marées produites par le soleil?

Mlle L. — Oui, mais elles sont beaucoup moins fortes, à cause du grand éloignement de cet astre.

Quelquefois le soleil et la lune se trouvent ensemble au-dessus de la même mer; alors les marées sont très-fortes; d'autres fois, l'attraction du soleil et l'attraction de la lune s'exercent dans des sens différents, alors la marée est très-faible, et c'est l'attraction de la lune qui l'emporte, parce que la lune est plus près de la terre que le soleil; mais la lune ne peut soulever les eaux aussi haut que si elle était seule, puisque le soleil la contrarie en les attirant à lui d'un autre côté. Quand il y a ainsi des marées faibles, les habitants des ports de mer disent qu'on est en *morte-eau*.

CHAPITRE XXII

Principe d'Archimède.

Bateaux. — Natation des poissons. — Balance hydrostatique.

Jacques. — Descendons dans le bateau ; nous ferons sur l'eau une promenade charmante.

Marguerite. — J'ai peur de prendre un bain en faisant ta promenade.

Mlle Laurence. — Ne craignez rien, le bateau peut nous porter sans faire de plongeon.

Marg. — Vous croyez? Alors je descends avec vous. Comment un bateau si grand et si lourd peut-il ainsi se tenir sur l'eau?

Mlle L. — C'est qu'il est plus léger que l'eau, alors l'eau le soutient. Qand vous êtes au bain, ne vous sentez-vous pas un peu portée, soulevée par l'eau?

Marg. — Oui, il me semble que je suis plus légère quand je suis dans l'eau.

Mlle L. — Vous l'êtes en effet, parce que toutes les petites molécules d'eau qui vous touchent, se pressent contre vous et vous portent un peu en vous pressant; ces petites molécules les plus près de vous sont à leur tour pressées par les molécules environnantes; celles-ci par d'autres, et ainsi de suite, de sorte que vous vous trouvez un peu portée par toutes, ce qui fait que vous pesez moins quand vous êtes dans l'eau. Prenez un objet quelconque, tenez-le à la main dans l'eau, puis ensuite tenez-le à la main dans l'air, vous le sentirez moins lourd dans l'eau que dans l'air.

Marg. — Beaucoup moins lourd ?

Mlle L. — Vous voyez notre bateau dont le fond enfonce un peu dans l'eau? — Si la rivière venait à geler, et qu'on enlevât le bateau, on trouverait à sa place un grand trou dans la glace, et ce trou aurait la forme de la partie du bateau qui était entrée dans l'eau. Eh bien, supposez qu'on remplisse d'eau ce trou, en pesant toute l'eau qu'il faudrait pour le remplir ; le poids de cette eau représenterait la différence de poids qu'il y a entre le poids du bateau lorsqu'il vogue sur l'eau, et le poids du bateau lorsqu'on le soulève hors de l'eau. S'il fallait par exemple 1000 kilogrammes d'eau pour remplir ce trou, cela voudrait dire que, quand le fond du bateau enfonce ainsi dans l'eau, le bateau pèse 1000 kilogrammes de moins que quand on le soulève hors de l'eau.

Vous voyez par là comment les bateaux, ayant toujours une partie entrée dans l'eau, perdent tellement de leur poids que, malgré les charges qu'on met dedans, ils se trouvent encore plus légers que l'eau qui les porte.

Marg. — Cependant, si on les chargeait trop, ils couleraient au fond?

Mlle L. — On peut les charger jusqu'à ce que le poids du bateau et des charges qu'on met dedans, ne soit pas plus considérable que le poids de l'eau dont le fond du bateau prend la place.

Voici une petite boule de plomb. Vous ne doutez pas que si je la mettais sur l'eau, elle irait au fond immédiatement ; mais si, avec ce même plomb, on faisait une boule creuse qui serait plus grosse, cette boule creuse, quoique ayant hors de l'eau le même poids que ma petite boule massive, mais pouvant déplacer beaucoup plus d'eau, ne coulerait pas au fond ; elle n'entrerait dans l'eau que jusqu'à ce quelle eût déplacé un volume d'eau pesant autant qu'elle-même.

Jacques. — Comme il y a des poissons dans cette rivière ! Les voyez-vous ?

Marg. — Comment les poissons font-ils pour monter et descendre dans l'eau ?

Mlle L. — Les poissons ont d'abord des nageoires à l'aide desquelles ils se dirigent. Mais ce qui leur donne la possibilité de se mouvoir ou de rester, sans aucune fatigue, à telle distance qu'il leur plaît du fond ou de la surface de l'eau, c'est qu'ils ont sous le ventre des vessies remplies d'air, et ils peuvent à volonté gonfler ces vessies en dilatant l'air qui se trouve dedans, ou les rendre plus petites en comprimant cet air. Quand ces vessies sont gonflées, le poisson, sans presque peser plus, déplace un peu plus d'eau ; il perd donc une plus grande partie de son poids, et devient ainsi plus léger que l'eau dans laquelle il se trouve ; alors cette eau le soulève et le poisson monte. Quand, au contraire, le poisson comprime ses vessies, il déplace moins d'eau, perd une moins grande partie de son poids, et est plus lourd que l'eau dans laquelle il se trouve ; alors cette eau ne le soutient plus et il coule au fond. Quand le poisson ne dilate ni ne comprime ses vessies, il se trouve avoir juste le même poids que l'eau qu'il déplace. Ne pesant ni plus ni moins que l'eau qui serait à sa place s'il n'y était pas, le poisson reste sans effort où il se trouve, soit au fond de l'eau, soit au milieu, soit vers la surface.

Ce que je viens de vous dire pour les poissons et les bateaux, s'applique aussi à tous les autres corps plongés dans n'importe quel fluide [1], liquide ou gaz ; c'est-à-dire que tout corps plongé dans un fluide, flotte à sa surface s'il est plus léger que ce fluide ; il reste à la place où il se trouve dans le fluide, s'il n'est ni plus ni moins léger que lui ; et il coule au fond, s'il ne perd pas assez de son poids dans le fluide pour ne pas être plus lourd que lui. *Le poids qu'un corps perd quand on le plonge dans un fluide, est égal au poids du fluide déplacé par ce corps.*

C'est Archimède, un grand savant de l'antiquité, qui a trouvé cela. Archimède était de Syracuse, en Sicile, et vivait dans le IIIe siècle avant J.-C. On raconte qu'un jour, pendant qu'il était au bain, il se mit à réfléchir sur un problème dont il cherchait la solution. Tout à coup il comprend ; alors, ravi, transporté, oubliant son bain et son costume, ou plutôt son absence de costume, Archimède sort du bain et court par la ville en criant : « J'ai trouvé ! j'ai trouvé ! »

On peut très-bien vérifier l'exactitude de la découverte d'Archimède au moyen d'un appareil que je vous expliquerai en rentrant, et qu'on appelle la *balance hydrostatique.*

MARG. — Quest-ce que la balance hydrostatique ?

Mlle L. — C'est une balance qui sert à peser des corps plongés dans l'eau.

Son nom lui vient de deux mots grecs : *hudor* qui veut dire *eau*, et *istèmi* qui signifie *peser.*

Cette balance présente. comme disposition particulière, un crochet soudé au-dessous de l'un de ses plateaux, et

---

1. Voir *Fluide*, dans le chapitre *Constitution des corps*, page 26.

auquel on suspend un cylindre creux, c'est-à-dire un vase ayant la forme d'un morceau de tuyau de poêle; puis au-dessous de ce cylindre creux, on suspend un autre cylindre massif. On met dans l'autre plateau de la balance des poids suffisants pour établir l'équilibre, c'est-à-dire pour qu'un des deux côtés de la balance ne pèse pas plus que l'autre.

On fait ensuite plonger dans l'eau le cylindre massif; alors l'équilibre se trouve détruit; le cylindre massif pesant moins dans l'eau, la balance penche du côté des poids. Mais si l'on remplit d'eau le cylindre creux, tout en laissant le cylindre massif dans l'eau, l'équilibre se rétablit (*fig.* 36).

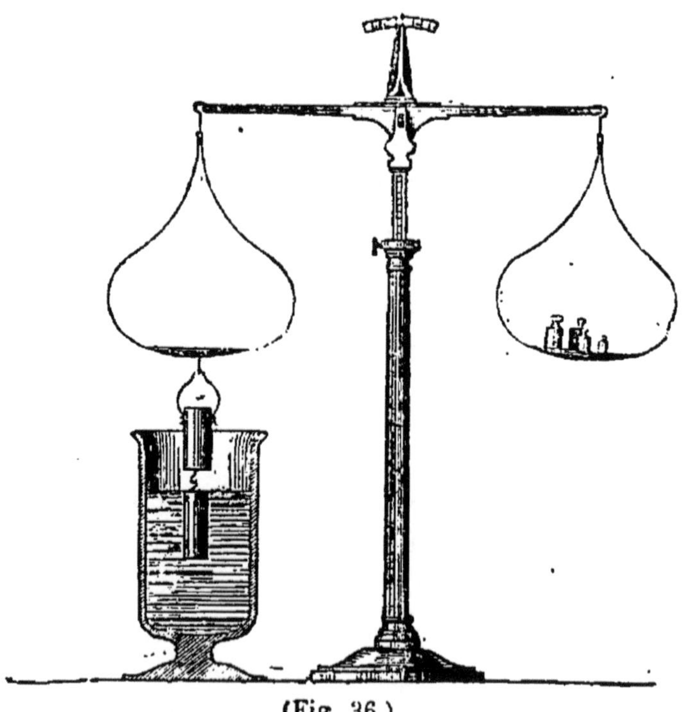

(Fig. 36.)

Puisqu'il a fallu pour rétablir l'équilibre, mettre dans le cylindre creux autant d'eau que le cylindre massif en a déplacé, ces deux cylindres ayant le même volume, cette expérience prouve bien que *le cylindre massif perd dans l'eau un poids égal au poids de l'eau qu'il déplace.*

CHAPITRE XXIII

Densité.

Ce qu'on appelle densité. — Densité de quelques corps.

Mlle LAURENCE. — Jacques, qu'est-ce qui pèse le plus ; une livre d'or, une livre d'eau ou une livre de plomb ?

JACQUES. — Je crois que c'est le plomb.

MARGUERITE. — Attrapé !

JACQUES. — Ce n'est pas le plomb ?

MARG. — Puisqu'on te dit *une livre* de plomb, *une livre* d'eau et *une livre* d'or, ne vois-tu pas que c'est toujours *une livre* ?

JACQUES. — Ah ! c'est vrai, que je suis sot !

Mlle L. — Quoique une livre de plomb et une livre d'eau soient du même poids, elles n'ont pas le même volume. Voici un vase qui contient juste une livre d'eau, pensez-vous qu'une livre de plomb le remplisse ?

JACQUES. — Je ne crois pas, parce que le plomb est plus lourd que l'eau.

Mlle L. — Sans doute, il faudrait 11 livres de plomb pour remplir ce même vase.

JACQUES. — Et de l'or, combien en faudrait-il ?

Mlle L. — En supposant qu'on donne à un morceau d'or la forme de ce vase, il en faudrait 19 livres un quart, pour le remplir.

JACQUES. — Et de l'argent ?

Mlle L. — Presque 10 livres et demie.

MARG. — Et du cuivre?

Mlle L. — Presque 9 livres.

Ainsi, quand ces différents corps ont le même volume, ils n'ont pas le même poids, et quand ils ont le même poids, ils n'ont pas le même volume.

A volume égal, l'or est donc 19 fois un quart plus pesant que l'eau; l'argent, presque 10 fois et demie plus pesant que l'eau; le plomb, 11 fois plus pesant que l'eau, et le cuivre presque 9 fois plus pesant que l'eau. On compare ainsi le poids de tous les corps solides et de tous les corps liquides, au poids de l'eau sous un même volume, et le nombre qui indique combien un corps pèse plus ou moins que son même volume d'eau, ce nombre, dis-je, représente ce qu'on appelle la *densité* de ce corps, ou encore le *poids spécifique* de ce corps.

La densité de l'or s'indique donc par 19 un quart ou 19,25, ce qui est la même chose; la densité de l'argent par un peu plus de 10, c'est-à-dire par 10,47, ce qui est presque 10 et demi; la densité du cuivre par 8,88, ce qui est presque 9; celle du plomb par 11, celle du mercure par 14, etc.

Un corps est d'autant plus dense· et pèse d'autant plus sous un volume déterminé, que les molécules qui le composent sont plus rapprochées les unes des autres. Ainsi, dans la ouate, dans le liége, les molécules sont éloignées les unes des autres et ces corps sont *moins denses* que l'eau; au contraire, dans le fer, dans l'or, les molécules sont plus rapprochées les unes des autres, et ces corps sont *plus denses* que l'eau.

CHAPITRE XXIV

Principe d'Archimède et Densité

(Suite.)

Principe d'Archimède servant à trouver la densité des solides.
La couronne d'or du roi de Syracuse.

MARGUERITE. — Mademoiselle, quel est donc le problème qu'Archimède avait trouvé pendant qu'il était au bain ?

Mlle LAURENCE. — Du temps d'Archimède, il y avait à Syracuse un roi, nommé Hiéron qui, s'étant fait faire une couronne d'or par un habile artisan, accusa ce dernier d'avoir détourné une partie de l'or qui lui avait été confié. Archimède voulut chercher un moyen de reconnaître si l'accusé était innocent; il se passionna à la tâche; et c'est ce moyen qu'il venait de découvrir quand il sortit de son bain, tout radieux, mais un peu trop distrait.

JACQUES. — Ne suffisait-il pas de peser la couronne, pour voir qu'il y avait bien tout l'or qu'on avait donné à l'ouvrier?

Mlle L. — Hiéron la pesa et trouva le poids juste; mais croyait, peut-être d'après la couleur, que quelque métal moins précieux avait été mêlé à l'or, et il pensait que, quoiqu'il trouvât son poids, une partie seulement de cette couronne était d'or, et le reste de cuivre ou d'un autre métal.

JACQUES. — Il fallait fondre la couronne et chercher à séparer les métaux.

Mlle L. — Cela n'eût pas rempli les intentions du roi

qui voulait découvrir la fraude, si fraude il y avait, sans détruire l'ouvrage.

JACQUES. — Alors, c'était impossible.

Mlle L. — C'est cependant ce qu'Archimède trouva pendant qu'il était au bain ; l'eau de sa baignoire, qui se mit à déborder dès qu'il fut entré dedans, lui en donna la première idée.

JACQUES. — Je n'y comprends rien.

Mlle L. — Lorsque les premiers transports furent apaisés, Archimède se procura deux lingots, l'un d'or pur, l'autre d'argent pur, chacun de ces lingots ayant le même poids que la couronne. Après avoir rempli d'eau un vase bord à bord, Archimède plongea dans cette eau le lingot d'argent. Comme vous pouvez l'imaginer, le lingot prenant de la place dans le vase, l'eau déborda et tomba dans une coupe mise exprès sous le vase pour la recevoir. Archimède en fit autant avec l'or, et il trouva qu'une quantité d'eau moindre qu'auparavant avait débordé. L'or avait déplacé moins d'eau que l'argent ; à poids égal, le volume de l'or était moins grand que le volume de l'argent. Donc, si la couronne avait été tout en or, elle aurait fait déborder la même quantité d'eau que le lingot d'or ; et si elle avait été tout en argent, elle aurait fait déborder la même quantité d'eau que le lingot d'argent ; mais il arriva que la couronne fit déborder plus d'eau que le lingot d'or, et moins d'eau que le lingot d'argent.

JACQUES. — C'est qu'elle n'était ni en or ni en argent.

Mlle L. — Ni en or pur, ni en argent pur ; mais elle pouvait être un mélange des deux.

JACQUES. — Alors l'ouvrier avait volé le roi ?

Mlle L. — Hélas, oui ; voilà comment les fraudes sont toujours découvertes, par des moyens auxquels on ne songe pas. Il faut vous dire que l'or pur ni l'argent pur ne se travaillent pas bien, et que pour faire des objets d'art avec de l'or ou avec de l'argent, on y fait toujours entrer un peu d'un autre métal, soit du cuivre, soit du plomb.

Marg. — Alors l'ouvrier n'avait pas trompé?

Mlle L. — Si, parce que cette couronne, qui n'était pas d'or pur, ne pesait pas plus que le lingot d'or pur qu'on avait donné pour la faire.

Par un calcul que je ne vous explique pas, parce que je crains qu'il ne soit un peu difficile pour vous, Archimède trouva juste le poids d'or pur qui était dans la couronne.

Marg. — Et l'ouvrier, que devint-il?

Mlle L. — Il est à croire qu'il fut sévèrement puni. Cette découverte d'Archimède est très-importante, parce que, en permettant de mesurer le volume des corps qui ont des formes irrégulières, elle permet aussi de connaître leur densité.

Marg. — Comment cela?

Mlle L. — Par exemple, en mesurant le volume d'eau que le lingot d'or a fait déborder, on sait que le lingot d'or a ce même volume. En pesant cette eau débordée, et en pesant aussi le lingot d'or qui a pris sa place, on trouve que le lingot pèse 19 fois un quart plus que l'eau débordée, c'est-à-dire que le même volume d'eau. Donc, la densité de l'or est de 19 un quart, ou, ce qui est la même chose, 19,25. On trouve de la même manière la densité des autres corps solides.

CHAPITRE XXV

Arrosement du globe.

Surface des eaux tranquilles. — Ruisseaux. — Rivières et fleuves. — Mers. — Glaciers. — Circulation des eaux de la terre montant dans l'atmosphère, et redescendant de l'atmosphère sur la terre.

MARGUERITE. — Pourquoi cette rivière coule-t-elle toujours ?

Mlle LAURENCE. — Cette rivière coule comme le font toutes les autres rivières, tous les ruisseaux et tous les fleuves, parce que les molécules de l'eau, glissant les unes sur les autres, comme celles de tous les liquides, ces liquides ne se trouvent dans une condition d'équilibre, c'est-à-dire de repos, que lorsque leur surface est horizontale [1].

En effet, prenez un baquet à demi plein d'eau et soulevez un peu ce baquet, seulement d'un côté; immédiatement l'eau se déplacera en s'approchant du bord que vous n'aurez pas soulevé. Maintenez ainsi le baquet soulevé, seulement d'un côté; au bout de peu de temps, l'eau redeviendra tranquille, et vous remarquerez que sa surface sera parfaitement horizontale.

Ainsi les ruisseaux qui descendent des montagnes, glissent sur la pente de ces montagnes, comme l'eau de votre baquet glisse sur le fond du baquet, lorsque vous donnez une pente à celui-ci, en le soulevant d'un côté. Ces ruisseaux se rencontrant dans leur descente, se réu-

---

1. Voir l'*horizon* dans le chapitre de la *Terre*, page 3.

(Fig. 37.) — Surface des eaux tranquilles.

nissent et forment en se réunissant des ruisseaux plus grands qu'on appelle des rivières; ces rivières, en se réunissant, forment d'autres rivières plus grandes encore qu'on appelle des fleuves, et ces fleuves descendant toujours, vont tous se rendre dans les océans.

Si la lune ni le soleil ne produisaient pas les marées [1], et si les vents, en soufflant çà et là sur les eaux, ne soulevaient des vagues, la surface des océans serait parfaitement horizontale comme celle de certains lacs, comme la pièce d'eau qui est dans votre jardin, comme l'eau du baquet dont nous parlions tout à l'heure. Toutes les fois que vous voyez de l'eau tranquille, vous pouvez être sûrs que la surface de cette eau est horizontale (*fig.* 37).

MARG. — Comment les eaux qui descendent des montagnes se trouvent-elles sur ces montagnes?

Mlle L. — Les eaux de la mer, des fleuves, des rivières, des ruisseaux et des lacs; les eaux qui trempent la terre pour nourrir les plantes; celles qui suintent des rochers en gouttelettes; celles que les plantes et les animaux mettent dans l'air en respirant, toutes ces eaux s'évaporent [2] lentement; la chaleur du soleil les transforme en vapeurs; elles montent dans l'atmosphère [3] et elles flottent au-dessus de nos têtes, sous forme de nuages, jusqu'à ce que des courants d'air froid venant à passer sur ces nuages, les condensent, c'est-à-dire rapprochent les unes des autres les molécules de la vapeur; alors cette vapeur condensée redevient de l'eau qui tombe sur la terre en brouillards ou en pluie. Si, dans l'atmosphère, ce refroidissement de

---

1. Voir le chapitre des *Marées*, page 106.

2. Voir l'*évaporation*, dans le chapitre *Constitution des corps*, page 29.

3. Voir le chapitre l'*Atmosphère*, page 46.

la vapeur est très-grand, au lieu de pluie, on a de la neige.

C'est principalement sur le sommet des hautes montagnes où il fait très-froid, que les neiges tombent et s'accumulent. Ces neiges séjournent là pendant de longs intervalles, et elles y forment des amas d'eau congelée que l'on nomme des *glaciers*. Pendant les saisons chaudes, les glaciers fondent peu à peu ; à mesure qu'ils fondent, l'eau qui en résulte descend le long des pentes des montagnes en ruisseaux, rivières et fleuves qui viennent se déverser dans les océans, d'où toutes ces eaux s'évaporent de nouveau sous l'action de la chaleur du soleil.

C'est ainsi que s'accomplit cet échange continuel, ce va-et-vient de l'eau montant de la terre dans l'atmosphère, et descendant de l'atmosphère sur la terre ; c'est ainsi que la terre, sillonnée en tous sens par des cours d'eau, se trouve de toute part arrosée, et renferme en elle, ainsi que dans son atmosphère, toute l'eau et les vapeurs nécessaires à la vie.

CHAPITRE XXVI

Pression des liquides.

Sources jaillissantes. — Puits artésiens. — Jets d'eau. — Niveau d'eau. — Système d'arrosage.

Mlle LAURENCE. — Je vous étonnerai peut-être en vous disant qu'en Islande, il y a des sources jaillissantes, c'est-à-dire des jets d'eau naturels qui s'élèvent à une hauteur de 35 mètres. J'entends par jets d'eau naturels, ceux qui existent dans la nature sans que les hommes aient eu besoin d'y toucher. Et si je vous dis qu'en Artois et ailleurs, on n'a eu qu'à creuser la terre pour trouver, non-seulement de l'eau au fond du trou, mais pour voir cette eau s'élancer à une très-grande hauteur; enfin si je vous dis qu'à Paris, il y a une source jaillissante qui s'élève du puits de Grenelle, dans une colonne, jusqu'à 37 mètres au-dessus du sol (*fig.* 38), vous allez me demander comment tout cela peut se faire, vous qui pensiez peut-être que les jets d'eau étaient de charmantes inventions de l'homme. L'homme n'invente pas tant qu'on pourrait le supposer; il a tous ses modèles dans la nature, il ne s'agit que de les trouver et de les comprendre; et l'on a d'autant plus de mérite qu'on est meilleur observateur. Avis à vous, mes petits amis.

Marguerite. — Comment l'eau peut-elle s'élever ainsi toute seule?

Mlle L. — Ce ne sera pas difficile à comprendre, maintenant que vous savez que les eaux et tous les autres liquides ne peuvent être en équilibre que lorsque leur surface est horizontale [1].

Quand on a plusieurs vases de différentes formes, communiquant ensemble par le fond, on n'a qu'à verser un liquide dans l'un de ces vases, pour voir monter ce liquide à la même hauteur dans tous, quelles que soient leurs formes (*fig.* 39). Cette hauteur du liquide dans des vases qui se communiquent, est si exactement la même, que quand on veut avoir une direction parfaitement horizontale, on se sert d'un appareil qu'on appelle un *niveau d'eau* (*fig.* 40). Il est formé d'un tube ou tuyau *bb*, recourbé à ses deux extrémités; chacune des extrémités se termine par une petite fiole de verre *aa*. On fait entrer un liquide

____

1. Voyez le chapitre précédent.

(Fig. 38.) — Le puits de Grenelle.

quelconque dans ce tube, et comme ce liquide s'élève à la
même hauteur dans les deux fioles, une ligne droite ou
un fil *m* *n* joignant les surfaces du liquide dans les deux
fioles, est une ligne parfaitement horizontale.

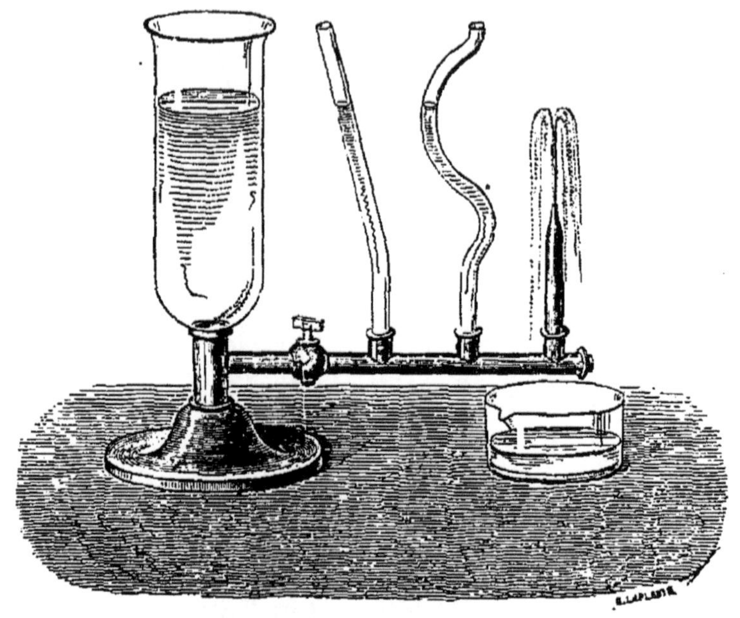

(Fig. 39.)

Mais revenons à nos sources jaillissantes ou jets d'eau
naturels : supposez une nappe d'eau sur le plateau d'une
haute montagne, et cette eau descendant par un canal
souterrain ayant une ouverture au pied de la montagne.
La surface de cette eau, au pied de la montagne, sera
pressée par toutes les moléules qui se trouvent au-dessus
d'elle dans le canal, et cette pression la fera jaillir par
l'ouverture ; elle s'élancera alors d'autant plus haut que
la montagne d'où elle descend est élevée. Seulement, elle
n'atteindra pas tout à fait ce niveau de la montagne,
c'est-à-dire cette même hauteur, parce que la résistance
de l'air qu'elle aura à vaincre pour monter, ralentira sa

course, et aussi, parce que les molécules d'eau qui, après
avoir monté, retomberont sur les autres qui montent encore, entraîneront ces dernières dans leur chute, et les
empêcheront de monter à une plus grande hauteur.

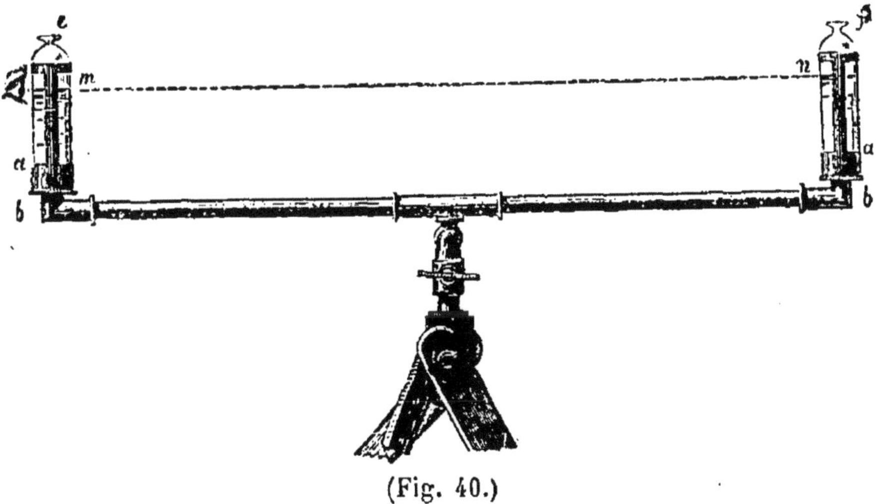

(Fig. 40.)

Telle est l'explication des sources jaillissantes. Pour les
puits artésiens, tels que celui de Grenelle, c'est en creu-
sant la terre qu'on a trouvé des sources descendant de
lieux très-élevés ; dès que ces sources ont trouvé les issues,
c'est-à-dire les ouvertures qui leur ont été faites, elles ont
jailli plus ou moins haut, selon la hauteur d'où elles venaient. On a donné à ces puits le nom de puits artésiens,
parce que les premiers ont été faits dans l'Artois. Quant
aux jets d'eau tels que ceux de Versailles, de Saint-Cloud
et tous ceux qui sont dans nos jardins, voici comment on
s'y prend pour en faire de semblables :

On établit un réservoir dans un endroit aussi élevé que
possible ; à ce réservoir, on adapte un tuyau que l'on fait
descendre et passer sous terre pour le faire aboutir au
milieu d'un bassin. On met à ce tuyau un robinet qui
arrête l'eau ou la laisse couler à volonté, et au bout du

tuyau, on ajoute une espèce de pomme d'arrosoir, à travers laquelle l'eau se divise en passant. Voilà tout le système de ces jets d'eau qui charment nos yeux en rafraîchissant nos jardins.

JACQUES.—L'eau qui monte dans nos maisons jusqu'aux plus hauts étages, est-ce par le même système?

Mlle L. — Exactement le même.

MARG. — Et ces tuyaux avec lesquels on arrose les arbres aux Champs-Elysées, est-ce encore la même chose?

Mlle L. — Toujours la même chose; ce sont de vrais jets d'eau que ces tuyaux d'où l'eau s'élance jusque sur le faîte des arbres. Cette eau vient de Chaillot, d'un réservoir où on la fait monter très-haut à l'aide d'une pompe.

MARG. — Et les pompes, quel système est-ce?

Mlle L. — Je vous le dirai un autre jour.

CHAPITRE XXVII

Pression atmosphérique.

BAROMÈTRES.

Baromètre à siphon. — Mesure de la hauteur des montagnes. — Mesure de la hauteur de l'atmosphère. — Pourquoi le baromètre indique le beau et le mauvais temps, et pourquoi il ne l'indique pas toujours bien. — Baromètre à cadran.

Mlle LAURENCE. — Prenez un verre d'eau et un chalumeau de paille; plongez une des extrémités du chalumeau dans l'eau, pendant que vous mettrez l'autre extrémité dans votre bouche. C'est ainsi que les Américains prennent l'été des *sherries goblies*, boisson délicieuse composée de glace, de fruits et de kirsch. La glace rafraîchit sans faire de mal aux dents qu'elle ne touche pas. Mais ce n'est pas pour vous apprendre à boire des *sherries goblies* que je vous dis cela, quoique vous puissiez aussi profiter de cette information si bon vous semble ; je voulais vous montrer comment, lorsqu'on plonge une des extrémités d'un tube ou d'un chalumeau dans un liquide, pendant que par l'autre extrémité on fait le vide dans ce tube, c'est-à-dire on en retire l'air, soit en aspirant avec la bouche, soit d'une autre manière, comment, dis-je, le liquide monte dans ce vide, dès qu'on le fait.

Les savants anciens qui avaient observé la chose, voulurent l'expliquer en disant que la nature avait horreur du vide. L'explication était assez mauvaise, n'en déplaise à Messieurs les savants, et il eût mieux valu n'en point faire que d'inventer celle-là, d'autant plus que l'eau n'avait horreur du vide que jusqu'à une certaine hauteur. Quand on voulut la faire monter dans un vide plus élevé que 10 mètres 33 c. au=dessus du sol [1], l'eau ne voulut jamais monter.

Les autres liquides n'avaient aussi horreur du vide que jusqu'à de certaines hauteurs, différentes pour chaque liquide ; le mercure, par exemple, ne voulut pas aller plus haut que 76 centimètres, quelque beau vide que l'on fît plus haut pour le tenter. Quand vous n'aurez pas de bonne explication à donner pour quoi que ce soit, je ne vous conseille pas d'en fabriquer une tant bien que mal, car on finira toujours par voir si vous avez dit une sottise, et ce n'est pas agréable d'avoir donné de soi cette opinion.

Reprenez votre verre et remplissez-le bord à bord. Prenez une feuille de papier qui ne soit pas froissée, et appli-

---

1. Si le sol, sur lequel on se trouve, n'est pas plus élevé que le niveau de la mer, l'eau monte à la hauteur de $10^m,33$, mais s'il est plus élevé, l'eau monte moins haut dans le vide.

quez-la sur l'eau et les bords du verre. Enfin, prenez une assiette, mettez-la sur la feuille et renversez le tout de haut en bas ; retirez ensuite l'assiette et voyez... Le papier reste collé contre les bords du verre, et l'eau ne tombe pas. (*fig. 41*).

(Fig. 41.)

MARGUERITE. — Cependant l'eau est lourde et doit peser sur la feuille?

Mlle L. — Sans doute; mais l'air atmosphérique qui enveloppe la terre comme une écorce d'orange enveloppe l'intérieur d'une orange, l'air atmosphérique, dis-je, pèse sur tous les corps qui sont à la surface de la terre; il les presse dans tous les sens, partout où il les touche. C'est pourquoi, dans notre petite expérience, si l'eau presse la feuille de papier de haut en bas, l'air la presse encore plus de bas en haut, de sorte que l'eau reste suspendue dans le verre.

Quand l'eau monte dans un vide, c'est donc parce que, comme dans ce verre, elle ne se trouve point pressée par l'air de haut en bas, mais qu'elle est pressée par l'air de bas en haut.

Quand vous avez **aspiré** l'air du chalumeau, l'eau est montée dans le vide que vous avez fait, parce que l'air ne la pressait plus de ce côté, tandis que l'air la pressait encore à sa surface dans le verre.

MARG. — Et pourquoi l'eau ne monte-t-elle dans le vide que jusqu'à une certaine hauteur?

Mlle L. — Jusqu'à $10^m,33$, parce que l'atmosphère qui la presse n'a pas la force de la pousser plus haut.

MARG. — Et pourquoi tous les liquides ne montent-ils pas dans le vide à la même hauteur?

Mlle L. — Parce que ceux qui sont plus légers que l'eau

résistent moins que l'eau à la pression de l'air ; alors ils montent plus haut dans le vide ; tandis que ceux qui sont plus lourds, résistant davantage à la pression de l'air, montent moins haut. Vous soulèveriez avec la main une plus grande hauteur de ouate que de sable, et aussi une plus grande hauteur de sable que de plomb. Ainsi, l'air atmosphérique soulève une plus haute colonne d'eau que de mercure.

MARG. — Qu'est-ce que le mercure?

Mlle L. — C'est un liquide métallique, grisâtre, quatorze fois plus pesant que l'eau, et dont on se sert pour faire les baromètres.

MARG. — Ah! Mademoiselle, si vous nous expliquiez les baromètres?

Mlle L. — Les baromètres servent à mesurer la pression de l'air atmosphérique. Je vous expliquerai le baromètre à siphon, parce que c'est, je crois, celui que vous verrez le plus souvent ; d'ailleurs, quand on en connaît un, on les comprend aisément tous ; car c'est toujours l'air qui agit sur les uns comme sur les autres.

Le baromètre à siphon (*fig.* 42) se compose d'un tube recourbé et ayant par conséquent deux branches, l'une beaucoup plus grande que l'autre. La plus petite branche A est un peu renflée en boule ou en cylindre, et laisse passer l'air à son extrémité ; la plus grande branche B est tout à fait fermée. On fait entrer du mer-

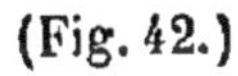

(Fig. 42.)

cure dans ce tube, de telle sorte qu'il n'y ait point d'air du tout dans la plus grande branche. L'air arrivant dans la petite branche presse la surface du mercure qui s'y trouve ; les molécules de cette surface se trouvant ainsi pressées par l'air, poussent les molécules qui sont au-dessous d'elles; celles-ci poussent les suivantes et ainsi de suite, comme dans une foule bien serrée, dès qu'on pousse une personne, celle-ci en pousse une autre, cette dernière une autre, et ainsi de suite, toute la foule est poussée. Ainsi les molécules du mercure, pressées par l'air dans la petite branche, se poussent les unes les autres, et cette poussée fait monter le mercure dans la grande branche du baromètre. — Mais jusqu'où ce mercure monte-t-il? — Jusqu'à ce qu'il soit assez fort pour résister à la pression de l'air, c'est-à-dire jusqu'à ce que sa colonne, dans la grande branche, soit aussi lourde que la colonne d'air qui le pousse par la petite branche, et cela a lieu quand cette colonne de mercure a atteint une hauteur de 76 centimètres.

Si l'air pressait moins, la colonne de mercure monterait moins haut dans la grande branche. C'est ce qu'on remarque quand on emporte un baromètre sur une montagne. A mesure qu'on s'élève, comme il y a une moins grande hauteur d'air pour peser sur le mercure par la petite branche, ce mercure est moins poussé, et il s'élève moins haut dans la grande branche. On voit donc que plus on s'élève sur la montagne, plus le mercure baisse dans la grande branche; et en mesurant de combien le mercure a ainsi baissé, on peut savoir à quelle hauteur on s'est élevé; par conséquent, il est possible de mesurer la hauteur des montagnes à l'aide du baromètre. Quand on va en ballon, on se sert aussi du baromètre pour savoir la hauteur à laquelle on s'élève.

Marg. — Ne m'avez-vous pas dit un jour [1] que c'est avec un baromètre qu'on a pu mesurer la hauteur de l'air au-dessus de nos têtes?

1. Chapitre de l'*Atmosphère*, page 48.

Mlle L. — En effet, et je vais vous dire comment. C'est surtout à vous, Marguerite, que je m'adresse, parce que mon explication sera peut-être difficile à comprendre pour Jacques, qui est plus jeune que vous.

Quand on s'élève de 10 mètres environ au-dessus du niveau de la mer, le mercure baisse de 1 millimètre dans la grande branche du baromètre. Mais quand on se place très-haut dans l'atmosphère, en allant sur une montagne ; que le mercure, par conséquent, a baissé déjà de plusieurs millimètres dans la grande branche du baromètre, il faut, à partir de cet endroit, s'élever encore de beaucoup plus de 10 mètres pour que le mercure baisse encore de 1 millimètre dans cette même branche ; et plus on est élevé, plus l'espace qu'on doit parcourir en montant doit être grand, pour que le mercure descende d'un autre millimètre, parce que, plus on s'élève, moins l'air est dense [1], par conséquent moins il pèse, et moins il presse le mercure.

En calculant quelle est la hauteur d'air qui peut ainsi pousser le mercure jusqu'à 76 centimètres de hauteur dans la grande branche du baromètre, et en tenant compte de la diminution de densité de l'air à mesure qu'on s'élève, on a trouvé qu'il faut environ 15 lieues de hauteur à l'air, pour soulever, comme il le fait, le mercure du baromètre, à une hauteur de 76 centimètres.

Jacques. — Je croyais que le baromètre ne servait qu'à indiquer le beau et le mauvais temps?

Mlle L. — Il n'indique très-bien, au contraire, que la mesure de la pression de l'air, et c'est par-dessus le marché qu'on lui fait dire le beau et le mauvais temps ; mais comme cette dernière fonction n'est pas sa principale, il ne s'en tire pas toujours à sa gloire.

1. Voir le chapitre de l'*Atmosphère*, page 36, et le chapitre de la *Densité*, page 113.

Marg. — Comment le baromètre indique-t-il le beau et le mauvais temps ?

Mlle L. — Selon que des vents venant à passer sont froids ou chauds, selon qu'ils sont secs ou chargés de vapeurs, ils pressent plus ou moins le mercure du baromètre, en le faisant monter ou descendre dans la grande branche ; et l'on a remarqué qu'en général, le baromètre baisse quand il y a des vents qui amènent la pluie, tandis qu'il monte lorsque les vents sont secs et qu'il va faire beau. Mais on a vu souvent aussi le mercure monter ou descendre, sans que ces variations soient suivies d'un changement de temps, parce qu'il y a d'autres causes qui peuvent augmenter ou diminuer la pression de l'air sur le mercure. De sorte que, si le baromètre indique le beau et le mauvais temps, ces indications-là ne sont pas toujours exactes.

On fixe le tube du baromètre sur une planchette, et quand on veut s'en servir pour connaître les variations du temps, on écrit *beau temps* sur la planchette, à côté de l'endroit où le mercure monte généralement dans le tube, lorsqu'il fait beau. Plus bas, on écrit *mauvais temps* ou *pluie*, à côté de l'endroit où le mercure descend généralement lorsqu'il fait mauvais temps.

Marg. — Qui est-ce qui a inventé le baromètre ?

Mlle L. — C'est Toricelli, un disciple, c'est-à-dire un élève de Galilée, ce savant dont je vous ai déjà parlé à propos du mouvement de la terre. C'est Toricelli qui vit combien il était absurde de dire que la nature avait horreur du vide, et il expliqua pourquoi les liquides montent dans le vide. On croit que Galilée en avait eu la première idée et qu'il l'avait communiquée à Toricelli avant de mourir. L'invention du baromètre remonte à l'année 1644.

Jacques. — J'ai vu dans beaucoup de salles à manger

des baromètres qui ressemblent à des horloges ; il y a une aiguille qui tourne sur un cadran, et à la place des heures on voit écrit : *beau temps* et *mauvais temps* (*fig.* 43).

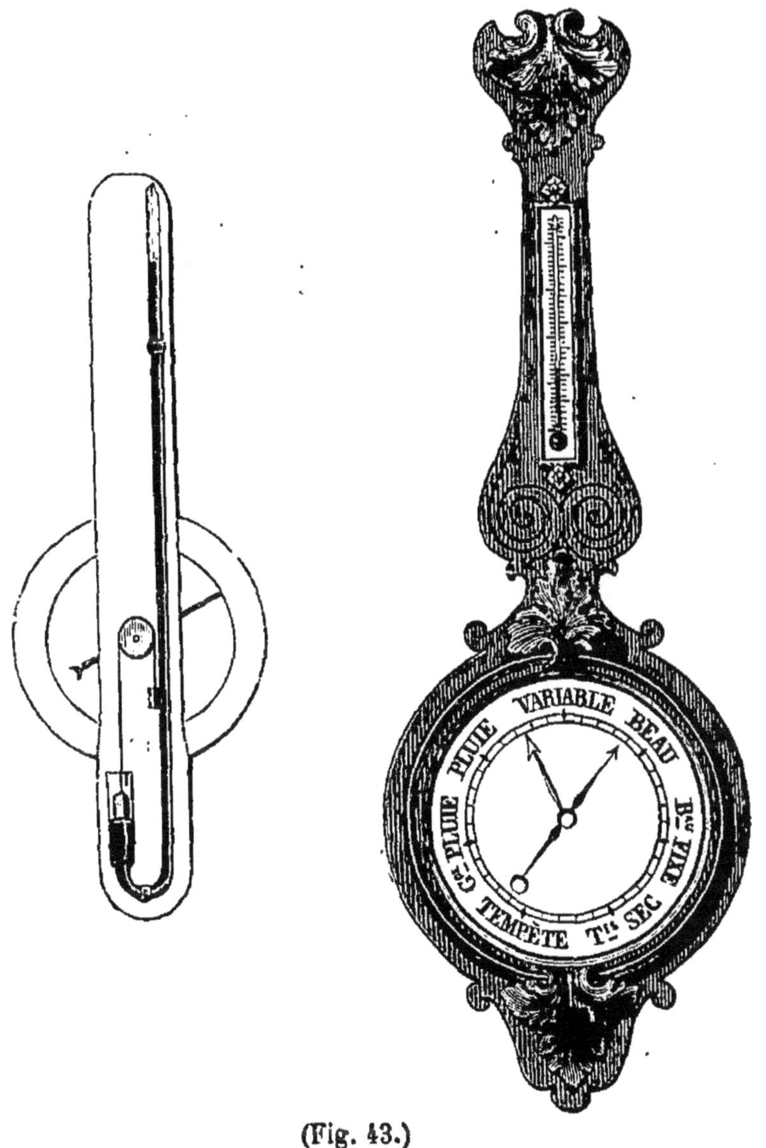

(Fig. 43.)

M.lle L. — Si vous aviez regardé derrière le cadran, vous auriez vu un tube recourbé exactement semblable au baromètre que je viens de vous expliquer. Voici ce qu'il y a en plus :

Un petit *flotteur* en fer, c'est-à-dire un petit poids F, flotte sur le mercure de la branche ouverte ; il est attaché à un fil qui s'enroule autour d'une espèce de petite roulette qu'on appelle une *poulie* P ; à l'autre extrémité du fil pend un autre petit poids. Au milieu de la poulie se trouve un petit bâton nommé *axe*, lequel axe traverse le centre du cadran et est fixé à l'aiguille qui tourne sur le cadran. La poulie, l'axe et l'aiguille sont fixés ensemble de telle sorte, que quand la poulie tourne, elle fait tourner en même temps l'axe et l'aiguille.

Expliquons maintenant comment la poulie tourne. Selon que l'air presse plus ou moins le mercure sur la branche ouverte, ce mercure descend ou remonte dans cette branche. Quand le mercure descend (dans la branche ouverte), le flotteur qui repose sur lui descend avec lui ; quand le mercure monte, le flotteur monte aussi. En montant et en descendant, le flotteur fait tourner la poulie, et la poulie en tournant fait tourner l'aiguille de l'autre côté du cadran. Aux endroits où l'aiguille s'arrête sur le cadran, suivant le temps, on a écrit les mots : *beau, beau fixe, temps sec, tempête, grande pluie, pluie* et *variable.*

CHAPITRE XXVIII

Pression atmosphérique.

(*Suite.*)

Pipette. — Entonnoir magique. — Bouteille inépuisable. — Siphon.
— Vase de Tantale.

MARGUERITE. — Si nous racontions à Mademoiselle ce que nous avons vu hier soir?

Mlle LAURENCE. — Qu'avez-vous donc vu?

MARG. — Des tours de physique.

JACQUES. — Une bouteille d'où l'on versait à volonté toutes sortes de liqueurs.

MARG. — Un verre dans lequel on ne pouvait pas boire; il y avait de l'eau dedans, mais dès qu'on en approchait les lèvres, l'eau fuyait.

JACQUES. — Et un entonnoir plein d'eau pure, duquel on faisait couler de l'eau ou du vin à volonté.

Mlle L. — Que de choses merveilleuses !

MARG. — Pourriez-vous nous les expliquer? Jacques disait que le physicien faisait sortir le vin de sa manche; mais ce n'était pas possible, parce qu'il avait des manches très-étroites, et des manchettes d'une blancheur irréprochable.

JACQUES. — Alors, comment cela pouvait-il se faire?

Mlle L. — Je connais cet entonnoir dont vous me parlez, et qu'on appelle l'entonnoir magique. Je vais vous en dire tout le secret ; mais il vous sera plus facile de le comprendre quand je vous aurai parlé d'un petit instru-

ment qu'on appelle la *pipette* (*fig. 44*). C'est un tube de
verre ayant une ouverture à chacune de ses extrémités, et
dont la partie inférieure se termine par un bec effilé. Si
l'on plonge ce tube dans un liquide quelconque, de l'eau,

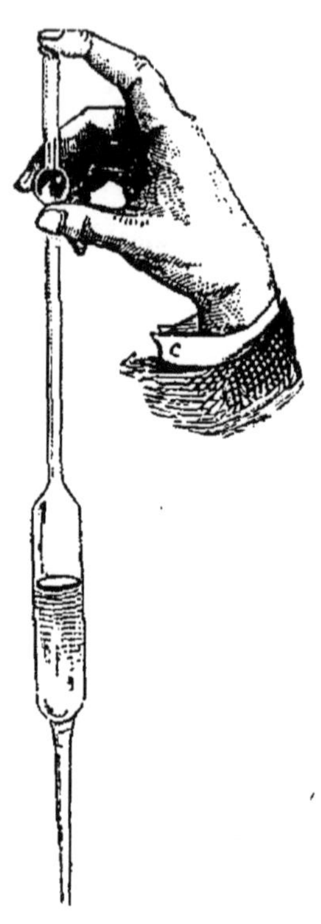

par exemple, de manière à le remplir,
et si on le soulève ensuite en ayant
soin de fermer son extrémité supérieure avec le doigt, toute l'eau entrée dans le tube n'en retombe pas.
Vous devez comprendre pourquoi ?
— C'est que ce liquide, ayant le vide
au-dessus de lui, reste dans le tube
comme l'eau dans le verre avec lequel nous avons fait une expérience
hier[1]. En rendant l'air par en haut,
c'est-à-dire en soulevant le doigt,
l'eau coule du tube par en bas, car
alors l'eau est pressée de haut en
bas comme de bas en haut par l'air
extérieur, mais elle est pressée, en
plus, de haut en bas par son propre
poids.

(Fig. 44.)

Ceci dit, je pense que vous com
prendrez l'*entonnoir magique* (*fig. 45*). Cet entonnoir est
double, c'est-à-dire se compose de deux entonnoirs, dont
un plus petit est entré dans un autre plus grand. Entre
les deux entonnoirs, il y a de la place pour mettre du
vin ; mais cela ne se voit pas. Près de l'anse se trouve
une petite ouverture par laquelle l'air peut entrer et
presser le vin. Une autre ouverture fait communiquer
ce vin avec le tuyau de l'entonnoir intérieur. On remplit

1. Voir le chapitre précédent sur les *Baromètres*, page 128,

d'eau cet entonnoir intérieur. Tant qu'on a le doigt sur l'ouverture placée près de l'anse, le vin n'étant pas pressé par l'air extérieur, ne coule pas ; l'eau seule sort de l'entonnoir par le tuyau. Mais si on débouche l'ouverture près de l'anse, en soulevant le doigt, le vin, pressé de haut en bas par l'air extérieur et, de plus, par son propre poids, se met à couler avec l'eau. L'eau coulant avec le vin se trouve colorée par lui et paraît être du vin seul qui coule ; de telle sorte qu'il semble que de l'entonnoir on fasse couler de l'eau ou du vin à volonté.

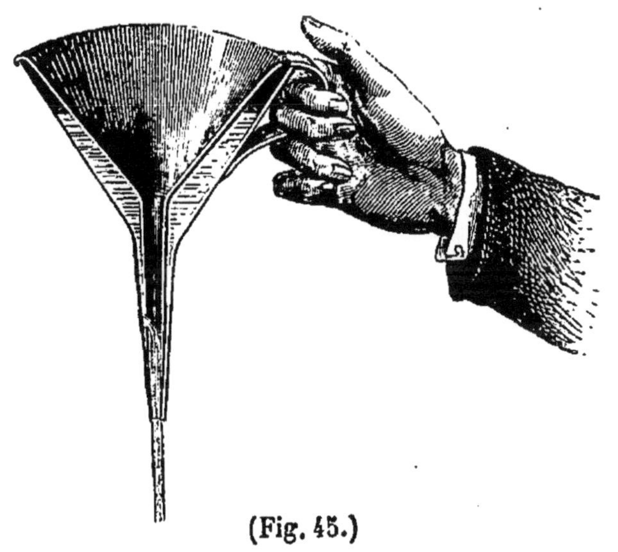

(Fig. 45.)

MARG. — Et la bouteille inépuisable?

Mlle L. — La *bouteille inépuisable* est en tôle ou en gutta-percha (*fig.* 46), pour qu'on ne puisse pas voir l'intérieur qui contient cinq petites fioles (*fig.* 47). Ces petites fioles communiquent avec l'air extérieur par cinq petits trous que l'on peut fermer avec les cinq doigts de la main. Ces fioles ont chacune un goulot qui vient se rendre dans le goulot général de la bouteille, On remplit les cinq fioles de cinq liqueurs différentes, en fermant les cinq ouvertures avec les doigts. Puis, quand on veut faire s'écouler une liqueur en penchant la bouteille, on n'a qu'à soulever le doigt qui communique avec cette liqueur-là. Cette liqueur tombe alors, comme le vin coule de l'entonnoir magique, et comme un liquide quelconque coule de la pipette dès qu'on soulève le doigt; c'est toujours un effet de la même cause.

(Fig. 46.)   (Fig. 47.)

JACQUES. — Et le vase dans lequel l'eau fuit, quand on veut boire?

Mlle L. — Le vase de Tantale? — Comme j'ai fait pour l'entonnoir magique, je vais vous expliquer, avant, un autre appareil qui m'aidera à vous faire comprendre le vase de Tantale. Cet appareil, que je vais vous décrire, s'appelle un siphon ; il sert à transvaser les liquides, c'est-à-dire à faire passer un liquide d'un vase dans un autre vase.

Le *siphon* (*fig.* 48) est un tube recourbé à branches inégales. Pour s'en servir, on commence par le remplir de liquide, soit en aspirant, soit d'une autre manière, ce qui s'appelle *amorcer* le siphon

(Fig. 48.)

On plonge ensuite la petite branche P dans le liquide, tandis que la plus grande branche G tombe dans l'air. Qu'arrive-t-il ? — L'air presse la surface de l'eau que l'on veut faire sortir du vase V ; l'air presse aussi le liquide par l'ouverture O ; mais si la pression de l'air est la même à la surface V et à l'ouverture O, il n'en est pas de même du poids de l'eau dans les deux branches du siphon : la

colonne d'eau dans la grande branche étant plus haute que la colonne d'eau dans la petite branche, pèse plus que cette dernière, et ce qu'elle pèse en plus fait tomber le liquide de son côté par l'ouverture O.

Le siphon une fois *amorcé*, l'eau coule d'un vase dans l'autre jusqu'à ce qu'il n'y ait plus de liquide touchant l'extrémité de la petite branche.

Voyons maintenant le *vase de Tantale* (*fig.* 49) [1]. C'est un vase dans lequel se trouve un siphon posé de telle

(Fig. 49.)

sorte, que quand on penche le verre pour boire, le siphon s'amorce, et le liquide du vase s'enfuit par le siphon.

CHAPITRE XXIX
Pression atmosphérique.

(*Suite.*)

Pompe aspirante.

Mlle LAURENCE. — Votre jardin est charmant, Marguerite ; vos fleurs sont d'une fraîcheur !

MARGUERITE. — Ah ! Mademoiselle, je les aime beaucoup ; c'est moi qui les soigne, et c'est Jacques qui me pompe tous les soirs de l'eau pour les arroser.

JACQUES. — Comment se fait-il qu'on soit obligé de

1. Voir la note ajoutée sur ce sujet à la fin du volume.

pomper; ce n'est donc pas le système des jets d'eau.

Mlle L. — Non, vous n'avez pas de réservoir plus haut que votre pompe, et l'eau qui vous arrive vient au contraire d'en bas.

JACQUES. — Comment les pompes sont-elles faites à l'intérieur?

Mlle L. — Une pompe (*fig.* 50) se compose : 1° d'un cylindre creux B, qu'on appelle *corps de pompe* (je vous ai déjà expliqué que la forme d'un cylindre était celle d'un tuyau de poêle); 2° d'un piston massif A, c'est-à-dire d'un cylindre massif très-court qu'on fait monter et descendre dans le corps de pompe, à l'aide d'une tige de fer F; 3° d'un tuyau T dont l'une des extrémités plonge dans l'eau qu'on veut faire monter, et dont l'autre extrémité communique avec le corps de pompe; 4° d'un autre tuyau O, par lequel s'écoule l'eau qu'on a pompée. Entre le premier tuyau T et le corps de pompe, se trouve une petite porte qui s'ouvre de bas en haut. Le piston est percé au milieu d'un trou rond, et sur

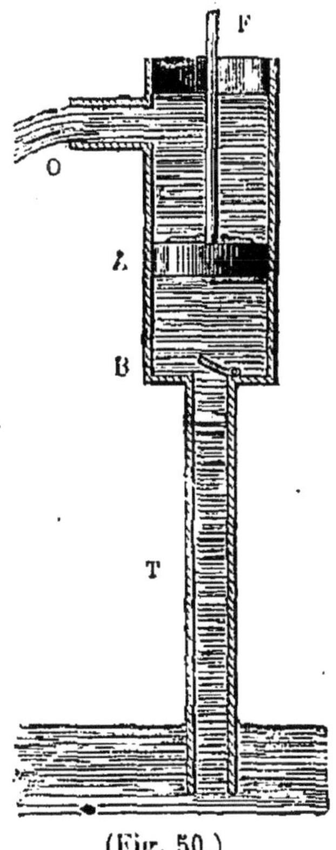

(Fig. 50.)

ce trou s'applique une petite porte semblable à celle du tuyau T, et s'ouvrant aussi de bas en haut [1]. La tige F du piston communique avec ce grand balancier

1. Voyez plus loin la figure 53, page 147, représentant la machine pneumatique. Il y a aussi un corps de pompe et un piston. On voit dans cette figure l'intérieur du piston; celui de la pompe est semblable.

qui vous donne tant de peine à faire aller et venir (*fig.* 51).
Faisons maintenant fonctionner la pompe.

(Fig. 51.)

Lorsqu'on abaisse le piston, en donnant un grand coup de balancier, on comprime, c'est-à-dire on presse l'air qui se trouvait dans le fond du corps de pompe; la petite porte du corps de pompe, poussée par cet air comprimé, se ferme, tandis que la porte du piston s'ouvre toute grande, et laisse passer l'air comprimé qui s'échappe par le trou du piston. Vous comprenez bien, je pense, pourquoi la porte du corps de pompe se ferme, tandis que la porte du piston s'ouvre? Supposez une chambre avec une porte s'ouvrant sur l'escalier, de dedans en dehors, et dans cette même chambre, une fenêtre s'ouvrant comme toutes les fenêtres, de dehors en dedans ; si, par une troisième ouverture, un grand courant d'air vient à entrer dans la chambre, cet air, en poussant en même temps la porte et la fenêtre, ouvrira la porte et fermera la fenêtre. Revenons à la pompe (*fig.* 50). Lorsqu'on fait remonter le piston, comme il n'y a presque plus d'air dans le fond du corps de pompe, et qu'il y en a au-dessus du piston, cet air, en poussant la porte du piston, la ferme. Il se forme donc un vide dans le fond du corps de pompe, et l'air du tuyau T monte dans ce vide. Si l'on fait redescendre le piston, on a cette. fois un vide, non-seulement dans le corps de pompe, mais encore dans le tuyau T. Alors cette fois l'eau monte dans le vide de ce tuyau, soulève la porte du corps de pompe, et monte aussi dans le vide du corps de pompe, comme elle monte dans le chalumeau de paille des Américains prenant leurs *sherries-goblies* [1]. Si l'on fait ensuite redescendre le piston, ce n'est plus l'air que l'on comprime, c'est l'eau ; alors, l'eau fait cômme a fait l'air, elle ferme la porte du corps de pompe et s'échappe par la porte du piston. En faisant remonter le piston, on soulève cette eau qui s'échappe enfin par le tuyau O.

L'eau n'arrive qu'au deuxième ou troisième coup de piston, parce qu'il faut d'abord chasser l'air comme je vous l'ai expliqué ; ensuite, chaque coup de piston amène de l'eau.

On appelle cette pompe *aspirante*, parce qu'elle *aspire* l'air avec un piston pour faire monter l'eau. Les petites portes du corps de pompe et du piston s'appellent des *soupapes* ; et le tuyau T est un *tuyau d'aspiration*.

---

1. Voir le chapitre des *Baromètres*, page 126.

CHAPITRE XXX

Pression atmosphérique.

(Suite.)

Soufflet. — Machine pneumatique. — Expériences.

JACQUES. — Il fait un froid terrible ; je grelotte.

MARGUERITE. — Viens donc te chauffer.

JACQUES. — Il est si joli, ton feu ! Deux malheureux tisons tout noirs.

MARG. — Allons, viens t'asseoir près de nous ; donne-moi le soufflet en passant, et je vais te faire une flamme, mais une flamme ! Tu vas voir.

JACQUES. — Mademoiselle, comment se fait-il qu'il y ait toujours de l'air dans les soufflets ?

Mlle LAURENCE. — Parce qu'à mesure que l'air sort par un côté, il rentre par un autre, et voici comment :

Quand le soufflet est fermé, les deux plaques l'une contre l'autre, il n'y a point de place pour l'air dans l'intérieur du soufflet. Voyez-vous, au milieu de l'une des deux plaques, cette petite rondelle de cuir ? C'est une petite porte qui s'ouvre de dehors en dedans (*fig.* 52). Ouvrez le soufflet, immédiatement voilà la petite porte de cuir qui s'ouvre ; pourquoi ? Parce que, en écartant les plaques, vous faites un espace vide dans le soufflet, alors l'air de la chambre se précipite dans ce vide, en poussant la petite porte de cuir.

MARG. — Il n'y a donc pas que les liquides qui se pré-cipitent dans le vide ?

Mlle L. — Non, vous voyez que les gaz se précipitent aussi, puisque le soufflet s'est immédiatement rempli d'air. Une autre petite porte ou *soupape* [1] que vous ne pouvez pas voir, parce qu'elle est dans le tuyau du soufflet, s'ouvre de dedans en dehors.

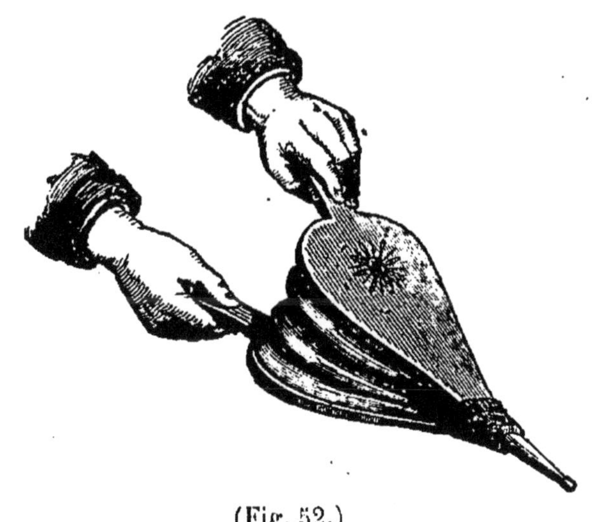

(Fig. 52.)

Rendez-vous compte maintenant de ce qui se passe : quand vous ouvrez votre soufflet, en écartant les deux plaques, vous faites dans l'intérieur un vide qui se remplit d'air immédiatement; quand vous refermez votre soufflet, en rapprochant l'une de l'autre les deux plaques, vous pressez l'air qui est dans l'intérieur du soufflet; cet air pressé pousse la soupape du tuyau et s'échappe par là pour courir sur le feu. Ainsi, chaque fois que vous écartez les deux plaques, vous remplissez le soufflet d'air, cet air entrant par la soupape de la plaque; et chaque fois que vous rapprochez les deux plaques, vous comprimez l'air introduit, qui s'échappe par la soupape du tuyau.

MARG. — Mais s'il n'y avait pas d'air dans la chambre, il ne pourrait pas en entrer dans le soufflet?

1. Voir le chapitre de la *Pompe aspirante*, page 141.

Mlle L. — Il y en a toujours, parce que l'air passe et entre par les plus petites ouvertures qui se trouvent, soit sous les portes, soit aux fenêtres.

Marg. — Mais quand il y a de bons bourrelets?

Mlle L. — Si bons qu'ils soient, il est bien difficile de ne pas laisser un petit passage à l'air qui se faufile partout.

Marg. — Il est donc impossible d'avoir un endroit où il n'y ait point d'air?

Mlle L. — Cela n'est pas impossible; mais vous savez que vous ne pourriez pas respirer dans un tel endroit [1]. Il y a un appareil avec lequel on peut retirer l'air de dessous une cloche de verre, et alors on fait toutes sortes d'expériences sous cette cloche.

Marg. — Quelles expériences, Mademoiselle?

Mlle L. — On introduit sous la cloche un charbon rouge qui s'éteint aussitôt; ou l'on y met un pauvre petit oiseau qui meurt bien vite, si on ne se hâte de l'enlever, car il ne peut respirer sans air.

Marg. — Je ne voudrais pas voir cette expérience-là.

Mlle L. — On met sous cette cloche une sonnette que l'on agite; mais on n'entend pas le son de cette sonnette, parce que, comme je vous l'expliquerai plus tard, l'air est nécessaire au son pour se produire et se transmettre. On met une vessie à moitié pleine d'air, et cette vessie se gonfle tout à fait, parce que, ne subissant pas la pression de l'air extérieur, l'air contenu dans la vessie se dilate. Par la même raison, les fruits flétris reprennent sous cette cloche leur forme primitive, et la perdent dès qu'ils sont de nouveau exposés à l'air.

Si l'enveloppe de certains fruits, tels que les marrons, les poires et les pommes, éclate devant le feu, lorsqu'on

____

1. Voir le chapitre de l'*Atmosphère*, page 46.

n'a pas eu la précaution de la couper, c'est parce que, la chaleur dilate les gaz qui sont contenus dans ces fruits ; elle dilate aussi l'air près du foyer et alors, ces gaz qui sont dilatés, et qui n'ont plus autour d'eux la même pression extérieure, font éclater l'enveloppe qui les retient.

JACQUES. — Comment peut-on faire pour retirer l'air de dessous la cloche dont vous parlez?

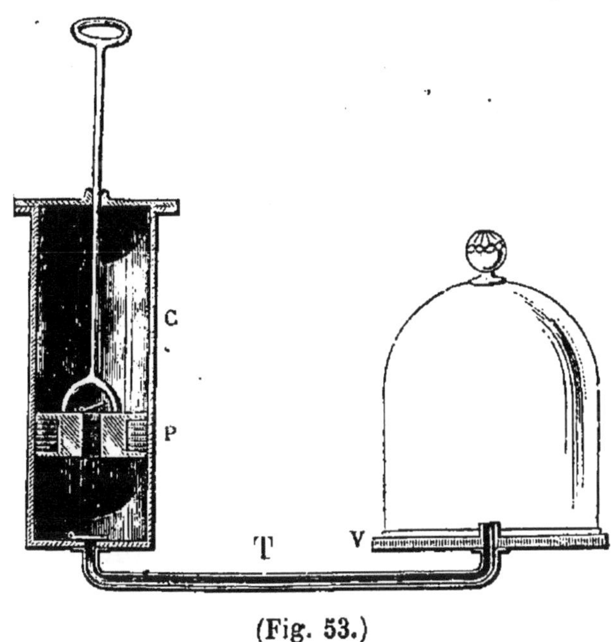

(Fig. 53.)

Mlle L. — Cette cloche fait partie d'un appareil qui a beaucoup de rapport avec la pompe aspirante que je vous ai expliquée [1]. Cet appareil, qui se nomme la *machine pneumatique* (*fig.* 53), se compose d'un corps de pompe C dans lequel on fait alternativement monter et descendre un piston P. Ce piston est massif et percé, au milieu, d'un trou dans lequel se trouve une soupape s'ouvrant de bas

1. Voyez le chapitre de la *Pompe aspirante*, page 141.

en haut. Le fond du cylindre communique par un tuyau T à un plateau de verre appelé *platine* V. Cette platine est placée à l'endroit où aboutit le tuyau, et c'est sur elle qu'on pose une cloche de verre. Il y a encore une soupape entre le tuyau et le corps de pompe. Cette soupape s'ouvre aussi de bas en haut.

Si vous vous souvenez de la *pompe aspirante*, vous verrez que la *machine pneumatique* présente le même système ; quand on abaisse le piston, l'air qui était dans le fond du corps de pompe, se trouvant pressé, soulève la soupape du piston et s'échappe. Quand on fait monter le piston, on fait le vide au-dessous de lui ; la soupape placée au fond du corps de pompe s'ouvre, parce qu'elle n'a plus aucune pression au-dessus d'elle, et qu'elle se trouve soulevée par l'air qui circule dans le tuyau. Cet air du tuyau s'introduit alors dans le fond du corps de pompe. Ainsi, chaque fois qu'on fait monter le piston, on aspire dans le corps de pompe l'air du tuyau et de la cloche, et chaque fois qu'on fait descendre le piston, on chasse au-dessus du piston et à l'extérieur cet air aspiré ; donc, plus on fait jouer le piston, plus l'air qui se trouvait dans le tuyau et dans la cloche devient rare.

Cette partie de la machine qui comprend le tuyau et la cloche, s'appelle le *récipient*.

CHAPITRE XXXI

Pression atmosphérique.

(Suite.)

Vol des oiseaux. — Ballons. — Montgolfières. — Parachutes. —
Voyages aériens.

JACQUES. — Que fais-tu donc à la fenêtre, Marguerite ?

MARGUERITE. — Je regarde un oiseau qui ne peut pas voler. Pauvre petit ! il est si mignon ! Ah ! mais si, le voilà qui s'envole, ah ! mais très-haut et très-loin ; je ne le vois déjà plus. Comment font donc les oiseaux pour voler ? Le savez-vous, Mademoiselle ?

Mlle LAURENCE. — Les oiseaux sont très-légers ; leurs os, quoique solides, sont très-peu épais, et au lieu de renfermer à l'intérieur de la moelle, comme ceux des autres animaux, ils sont remplis d'air. Ce qui rend encore les oiseaux légers, c'est qu'ils ont dans le cou et au-dessous du ventre, des petits sacs pleins d'air qui augmentent leur grosseur sans augmenter leur poids. Quand l'oiseau veut monter dans l'air, il élève ses ailes encore toutes ployées comme des parapluies fermés, puis il les déploie subitement ; l'air oppose alors une résistance aux ailes déployées, comme nous avons vu qu'il en oppose à une feuille de papier et à tout objet qui présente une surface étendue, sans peser beaucoup. Cette résistance de l'air fait alors à l'oiseau une sorte d'appui sur lequel il se soulève. Dès qu'il est un peu soulevé, il recommence à élever ses ailes en les fermant, puis il les ouvre de nouveau subitement, rencontre de nouveau la résistance de l'air sur lequel il se soulève, et toujours ainsi tant qu'il s'élève. Les oiseaux qui volent le mieux sont ceux qui ont les plus grandes ailes, proportionnellement à la grosseur de leur corps ; d'abord parce que ces ailes déplacent plus d'air, ensuite parce que, en les étendant, ils rencontrent une plus grande résistance de l'air, laquelle résistance leur permet de se soulever plus haut à chaque battement d'ailes [1].

MARG. — Est-ce qu'on ne pourrait pas inventer pour les hommes un système d'ailes qui leur permettrait de voler aussi?

Mlle L. — On a bien essayé, mais on n'a pas encore réussi ; le hasard a seulement fait découvrir les ballons, qui sont aujourd'hui le seul moyen que l'on connaisse pour s'élever dans l'air.

JACQUES. — Et comment les ballons peuvent-ils s'élever dans l'air?

Mlle L. — Simplement parce qu'ils sont plus légers que l'air.

MARG. —Oh ! Mademoiselle, comment pouvez-vous dire que des ballons si gros, avec des nacelles et des hommes dedans, soient plus légers que l'air?

Mlle L. — Vous souvenez-vous de l'explication que je vous ai donnée quand vous m'avez demandé comment les bateaux peuvent se tenir sur l'eau? — Je vous ai alors montré que les bateaux, quoique très-gros et très-lourds, se tiennent sur l'eau, parce que *leur poids est moindre que le poids du volume d'eau qu'ils déplacent* [2]. De

---

1. C'est à l'aide de ce battement d'ailes que je viens d'indiquer, que l'oiseau s'élève ; mais la direction particulière de son corps par rapport à ses ailes, et deux autres rapides mouvements de ces dernières près du corps, servent encore à le soutenir, quand il plane simplement dans l'air, sans monter ni descendre. Ces deux derniers mouvements sont extrêmement rapides, et moins fatigants, croit-on, que le premier. L'hirondelle vole ainsi plusieurs heures sans se poser, et avec une vitesse de près de vingt-cinq lieues à l'heure.

2. Voir le chapitre sur le *Principe d'Archimède*, page 109.

même un ballon s'élève dans l'air, parce que dans son enveloppe on fait entrer un gaz beaucoup plus léger que l'air; et comme le ballon, par son grand volume, déplace

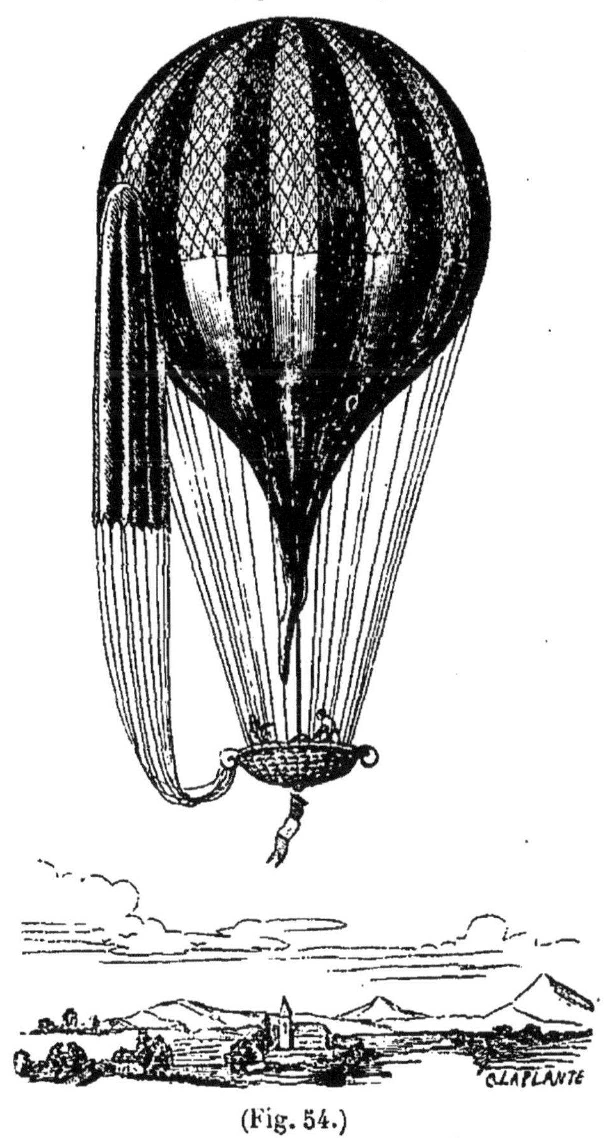

(Fig. 54.)

une grande quantité d'air, il s'ensuit que, même avec tous ses accessoires, *le ballon pèse moins que le volume d'air qu'il déplace (fig. 54).*

Marg. — Quel est ce gaz qui pèse moins que l'air et avec lequel on gonfle les ballons?

Mlle L. — C'est l'hydrogène, ce gaz qui entre dans la composition de l'eau et dont nous avons déjà parlé [1]. L'hydrogène est treize fois moins dense [2] que l'air, c'est-à-dire treize fois plus léger que l'air.

Marg. — L'été dernier, nous avons été à l'Hippodrome voir s'enlever un ballon, et j'ai vu que les aéronautes jetaient quelque chose, je crois, du sable, à mesure qu'ils s'élevaient; pourquoi cela, Mademoiselle?

Mlle L. — Le sable que les aéronautes emportent avec eux augmente le poids du ballon; c'est ce qu'on appelle du *lest;* en le jetant, l'aéronaute allége d'autant son ballon, et accélère l'ascension de ce dernier.

Jacques. — Peut-on aller aussi haut qu'on veut, en ballon?

Mlle L. — Non. A mesure qu'on s'élève dans l'atmosphère, l'air, comme vous le savez [3], devient de moins en moins dense; alors, dès qu'on arrive à la hauteur où le ballon n'est pas plus léger que le poids du volume d'air qu'il déplace, on ne peut plus monter.

Jacques. — Et peut-on descendre quand on veut?

Mlle L. — Il y a en haut du ballon une soupape, c'est-à-dire une petite porte qu'on peut ouvrir à l'aide d'une corde qui descend jusqu'à la nacelle, en traversant le ballon. Cette soupape se referme d'elle-même au moyen d'un ressort. Quand on veut descendre, on ouvre la soupape pendant quelque temps, afin de laisser s'échapper un peu d'hydrogène; le ballon diminue alors de volume

1. Voir le chapitre sur les *Combinaisons chimiques, composition de l'eau,* page 40.
2. Voir le chapitre sur la *Densité,* page 113.
3. Voir le chapitre de l'*Atmosphère,* page 56.

et descend. Un bon aéronaute conserve toujours avec lui du lest, c'est-à-dire du sable, pour ne pas s'exposer à une chute trop précipitée, parce que, s'il arrive dans un endroit dangereux pour mettre pied à terre, il peut, en jetant du lest, s'élever encore un moment et aller débarquer ailleurs.

MARG. — Moi, j'aurais très-peur en ballon.

Mlle L. — Un aéronaute, à qui j'ai entendu un jour raconter un de ses voyages, dit que c'est ravissant. En quittant la terre, on éprouve un saisissement de crainte et en même temps de plaisir à affronter l'inconnu. Que va-t-on sentir? que va-t-on voir? pense-t-on, en jetant un regard d'adieu sur tout ce qu'on connaît et ce qu'on aime. Dans quelles régions va-t-on être emporté par ce vent capricieux? Dans des nuages aux formes fantastiques, ou dans ces lacs de feu produits par les soleils couchants? La terre s'amoindrit aux yeux à mesure qu'on s'en éloigne. A une certaine hauteur, les hommes qu'on aperçoit sur la terre ressemblent à des fourmis qui s'agitent, puis on ne les voit plus du tout; peu à peu les maisons et les dômes se confondent, les rivières ne semblent plus que des filets d'argent; un peu plus tard, la ville d'où l'on est parti ne fait pas plus d'effet qu'un village au milieu de la campagne environnante, ou qu'un navire égaré sur l'immensité des flots. Enfin, si l'on s'élève au-dessus d'un nuage, on ne voit plus la terre; c'est alors que les regards plongeant dans l'espace sans bornes, tour à tour la pensée s'envole vers les mondes inconnus et redescend sur la terre. Combien alors cette terre nous paraît peu de chose, comparée à cet infini où des milliers d'autres mondes sont lancés comme elle! Si elle venait à disparaître, quel peu de vide elle ferait! D'autres terres continueraient à tourner autour de notre soleil, et plus loin, d'autres terres encore tourneraient autour d'autres soleils; ce ne serait qu'un point de moins dans l'univers. On en frissonne rien que d'y penser. Eh quoi! sommes-nous, nous-mêmes, si peu de chose, nous qui ne vivons qu'un peu de temps sur ce point noir qui pourrait disparaître, sans presque faire de vide? — Mais il en est de même pour tout ce que l'on compare à l'infini; les plus gros et plus brillants soleils de la voie lactée n'ont pas, dans cette immensité, une plus grande importance que n'en a sur notre globe une goutte d'eau, dans laquelle nous voyons encore, à l'aide du microscope, une quantité de petites bêtes. Pour chacune de ces petites bêtes, la goutte d'eau est un monde et la terre une immensité. Tout est relatif; mais il n'y a pas lieu de mépriser rien de ce qui est petit ou faible. Sans les gouttes d'eau, il n'y aurait pas d'océans, et sans les grains de sable, il n'y aurait pas de globe terrestre. Parmi les hommes, les plus grands, les plus dignes d'inspirer le respect, sont ceux qui sont le plus utiles aux autres; et ne méconnaissons pas le concours de chacun dans ce monde où nous sommes : les uns apportent le travail de leurs bras, sans lequel nous ne pourrions vivre; d'autres, celui de leur intelligence, qui nous rend la vie plus facile et plus agréable; enfin ceux qui sont faibles peuvent aussi bien que les autres mettre dans notre cœur de grands bonheurs, lorsqu'ils nous inspirent de l'affection et qu'ils nous en donnent.

Mais revenons à notre ballon, que nous avons un moment oublié. Quand on s'élève au-dessus d'un nuage, on ne voit plus la terre et l'on n'entend plus rien, c'est un silence absolu; alors, comme on ne peut plus, en regardant la terre, voir combien on s'en éloigne, et comme, n'éprouvant aucune secousse, on ne sent pas le mouvement, on monte sans s'en apercevoir.

Marg. — Comment, on ne sait pas que l'on monte?

Mlle L. — Pas du tout. Je vous ai parlé de cela à propos du mouvement de la terre; si vous sentez si bien que vous roulez quand vous êtes en voiture, c'est parce que les roues de la voiture heurtent contre les pavés, les cailloux ou autres inégalités du chemin; en wagon, où les roues glissent sur des rails unis, vous sentez déjà moins le mouvement, quoique le train aille plus vite que la voiture; en ballon, il n'y a pas du tout de secousse, et l'on ne sent pas plus quand on monte ou quand on descend, qu'on ne sent sous ses pieds la terre tourner.

Marg. — Alors comment sait-on si l'on monte?

Mlle L. — C'est le baromètre qui l'indique. A mesure qu'on s'élève, il y a moins d'air pour peser sur la branche ouverte ; cet air est moins dense, et le mercure descend dans la grande branche du baromètre [1].

Jacques. — Fait-il chaud, là-haut?

Mlle L. — Il y fait excessivement froid. A une certaine élévation, on est fort mal à son aise, même très-malade ; mais les curieux, et les savants, qui sont aussi des curieux, bravent tout ; ils sont toujours à la recherche de l'inconnu, et quand ils trouvent quelque chose de nouveau, ce sont pour eux des jouissances extrêmes. Je ne puis vous donner qu'une faible idée de ce plaisir en le comparant à l'un de vos jeux. Quand vous étiez plus petits et que vous jouiez à cache-cache.....

Jacques. — Mais nous y jouons encore. Mademoiselle, c'est si amusant ! Nous allons nous cacher jusque dans la cave, et mon cousin, qui est si peureux, est descendu pour nous y trouver, l'autre jour; nous étions blottis dans un coin tout noir, et nous croyions bien qu'il ne viendrait pas

1. Voir le chapitre des *Baromètres*, page 129.

jusque-là ; mais il y est venu après avoir couru dans toute la maison, et lorsqu'il nous a trouvés là, il était si content, qu'il en sautait de joie comme un fou.

Mlle L. — Ah !... Alors, il a fait comme les savants qui cherchent, sans s'inquiéter des fatigues ni des dangers, et qui, lorsqu'ils trouvent, éprouvent des plaisirs incomparablement plus grands que celui de votre cousin.

MARG. — Qui est-ce qui a inventé les ballons?

Mlle L. — Ce sont les frères Montgolfier, Jacques et Etienne, fabricants de papier à Annonay, dans le département de l'Ardèche. On croit que l'invention appartient à Etienne; mais celui-ci voulut en partager l'honneur avec son frère, et ils firent tous leurs travaux en commun. C'est en 1783 qu'ils lancèrent leurs premiers ballons dans les airs; mais ces premiers ballons, qu'on nomme des montgolfières, étaient gonflés simplement avec de l'air chaud. Pour avoir cet air chaud, on suspendait au ballon un panier en fil de fer, dans lequel on mettait de la paille allumée. Vous jugez s'il était dangereux de s'aventurer dans des voyages aériens avec de tels véhicules! Cependant, il y eut des hommes assez hardis pour l'oser. Pilâtre de Rozier et le marquis d'Arlandes s'élevèrent les premiers ensemble, dans une nacelle suspendue à la partie inférieure d'un ballon. Ils avaient placé au milieu de la nacelle un réchaud contenant des charbons ardents, et ils alimentaient le feu, pendant le voyage, au moyen de paille qu'ils jetaient de temps à autre sur les charbons. Ils produisaient ainsi à chaque instant de l'air chaud qui renouvelait l'air du ballon à mesure que celui-ci se refroidissait. Ils s'élevèrent ainsi à plus d'un kilomètre, et ils parcoururent plus de deux lieues en dix-sept minutes. Après Pilâtre de Rozier et le marquis d'Arlandes, les voyageurs qui osèrent s'aventurer en ballon furent M. et

Mme Blanchard. L'aéronaute emportait avec lui un *para-chute*; c'était une grande toile ronde qui se ployait et s'ouvrait comme un parapluie. Une petite nacelle était suspendue au parachute au moyen de cordes attachées d'un bout à la nacelle, et de l'autre aux bords de la toile. Ce parachute avait été inventé par M. Blanchard, d'autres disent par sa femme, pour protéger l'aéronaute contre une descente trop rapide, ou pour lui être un refuge, si le ballon venait à être déchiré dans l'atmosphère ou brûlé par le feu du réchaud. L'aéronaute pouvait alors sauter dans la nacelle du parachute; et le parachute, une fois déployé comme un immense parapluie, était soutenu en descendant par la résistance de l'air. Mais ces descentes, comme vous pouvez penser, étaient encore très-dangereuses; on n'avait pas non plus toujours le temps de se mettre dans la nacelle du parachute; la mort de Pilâtre de Rozier, et, quelques années après, celle de Mme Blanchard, ne le prouvent que trop; ils périrent tous deux victimes de leur courage, le feu ayant pris à leurs ballons, après de nombreuses ascensions.

Ce furent encore les frères Montgolfier qui, plus tard, eurent l'idée de gonfler les ballons avec du gaz hydrogène, et ce fut là un grand perfectionnement auquel d'autres s'ajoutèrent peu à peu; les parachutes furent alors inutiles, et si l'on en emporta quelque temps encore, ce fut par précaution, mais sans nécessité. Les voyages aériens étant devenus moins dangereux, on a fait depuis de nombreuses ascensions scientifiques, au nombre desquelles se trouve celle de Gay-Lussac qui, en 1804, s'éleva à 7,000 mètres environ de hauteur. Malheureusement, on n'a pas encore trouvé le moyen de diriger les ballons; on y arrivera probablement; mais combien nous aurions été heureux d'avoir cette invention-là pendant le siége de

Paris ! Voyez donc un peu comme la science sert à des choses auxquelles on ne songe guère au moment où l'on fait une découverte. Qui eût dit à Montgolfier que les malheureux Parisiens, en 1870-1871, se serviraient des ballons pour porter de leurs nouvelles à leur famille et à leurs amis dont ils se trouvaient séparés ?

CHAPITRE XXXII

Acoustique.

Mouvement vibratoire. — Vibrations des cordes, de l'air, des membranes, des cloches, des vases, des verres, etc. — Instruments de musique. — Voix. — Son et bruit. — Ondes circulaires. — Propagation du son dans l'air ou les autres gaz, dans les liquides et dans les solides.

MARGUERITE. — N'est-ce pas une fauvette que nous entendons ? Comment des êtres si mignons peuvent-ils chanter si bien ?

Mlle LAURENCE. — C'est qu'ils ont dans leur petit gosier un instrument merveilleux, et l'air, en sortant de leurs poumons, vient produire dans cet instrument des vibrations éclatantes et mélodieuses.

MARG. — Qu'est-ce que c'est que des vibrations ?

Mlle L. — Quand vous touchez une corde de harpe ou de violon, ou de tout autre instrument, vous tirez ou vous poussez cette corde, vous la dérangez de la position dans laquelle elle était en équilibre, c'est-à-dire en repos. Comme cette corde est élastique, elle revient sur elle-même après avoir été dérangée ; mais en revenant, elle a une vitesse qui lui fait dépasser cette position d'équilibre, et elle s'en va plus loin de l'autre côté; puis de nouveau, à cause de son élasticité, elle revient sur elle-même, dépasse encore son but, et ainsi de suite; elle va et vient comme une balançoire, jusqu'à ce que ses oscillations, c'est-à-dire ses allées et venues, devenant de plus en plus petites, finissent par s'arrêter.

Ce sont ces mouvements de corde qui produisent les sons dans les instruments; ces mouvements de va-et-vient, qu'on appelle *mouvements vibratoires* ou *vibrations*, se font avec une rapidité extrême, quelques mille par seconde; plus ils sont rapides, plus les sons sont aigus, élevés; les vibrations les moins rapides produisent les sons les plus graves. Comme les longues cordes vibrent moins vite que les courtes, ce sont les plus longues cordes qui donnent les sons les plus graves. Regardez dans l'intérieur de votre piano; à gauche, où vous obtenez les sons graves, se trouvent les longues cordes; et ces cordes sont de moins en moins longues en allant de gauche à droite, où vous avez les sons aigus. On voit surtout très-bien cela dans les pianos à queue.

Il y a d'autres raisons qui peuvent faire vibrer des cordes plus ou moins vite. Par exemple, quand deux cordes sont aussi longues l'une que l'autre, s'il y en a une plus grosse que l'autre, c'est la moins grosse qui vibre le plus vite et qui, par conséquent, donne les sons les plus aigus. Quand deux cordes sont aussi longues et aussi grosses l'une que l'autre, s'il y en a une plus tendue que l'autre, c'est la plus tendue qui vibre le plus vite et qui, par conséquent, donne les sons les plus aigus. Enfin, quand deux cordes sont aussi longues, aussi grosses et aussi tendues l'une que l'autre, s'il y en a une plus dense [1], c'est la

---

1. Voir le chapitre sur la *Densité*, page 113.

moins dense qui vibre le plus vite et qui, par conséquent, donne les sons les plus aigus.

JACQUES. — Mais il y a des instruments sans cordes, comme la flûte, le cornet à piston, le cor de chasse, les orgues?

M^{llo} L. — Dans ces instruments-là, c'est l'air qui commence à vibrer et qui communique ses vibrations au bois ou au cuivre ; le nombre de ces vibrations dépend de la forme des ouvertures et de la longueur des tuyaux.

Il n'y a pas que les cordes et l'air qui puissent vibrer ; mais les cloches, les vases et les verres rendent de très-beaux sons, quand on ébranle leurs bords en les frappant ; et ces sons qu'ils produisent sont d'autant plus graves que les cloches, les vases et les verres sont plus grands. Les plaques de toutes les formes vibrent aussi, et les membranes, comme par exemple les peaux de tambour, vibrent également ; notre voix et le chant des oiseaux sont dus à des vibrations de membranes et d'air, dans cette partie de la gorge qu'on appelle le larynx.

Lorsque des instruments quelconques, tels que voix, pianos, flûtes, violons et harpes, produisent dans le même temps le même nombre de vibrations, tous les sons que l'on entend sont à la même hauteur, et l'on dit que ces instruments vibrent à l'*unisson*.

Les mille mouvements de la nature produisent aussi des sons parfois pleins de charme ; c'est ainsi que le bruissement des feuilles, les plaintes du vent, les frôlements d'ailes d'insectes ou d'oiseaux, le clapotement de l'eau, ses mugissements dans les tempêtes, même le murmure grave et continu qui s'élève à peu de distance d'une grande ville, et qui provient de tous les bruits de la ville confondus ensemble, sont autant de voix, autant d'harmonies, qui nous pénètrent et nous saisissent ou nous enchantent.

Cependant il est aussi des vibrations qui nous déchirent les oreilles, et nous font grincer les dents de souffrance, comme lorsque nous entendons scier la pierre ou tomber une lourde masse à nos pieds; c'est que ces vibrations-là sont irrégulières, saccadées, et se terminent brusquement; on les appelle des *bruits*, tandis que les *sons* résultent de vibrations qui se font dans des temps égaux, et qui s'achèvent graduellement en mourant.

Marg. — Pourquoi, sur cette colline où nous sommes, entend-on quelquefois ces bruits de la ville dont vous parliez tout à l'heure, tandis que d'autres fois, on ne les entend pas?

Mᵗˡᵉ L. — Lorsque l'air souffle dans la direction de la ville vers cette colline, il apporte ici les bruits de la ville; mais quand il souffle d'un autre côté, il emporte aussi ces bruits avec lui de cet autre côté. L'air est donc nécessaire pour amener jusqu'à l'oreille des vibrations quelconques, et je vais tâcher de vous faire comprendre comment il les amène.

Je jette une pierre dans l'eau. Regardez l'endroit où la pierre est tombée : l'eau est vivement ébranlée; des ronds, qu'on appelle des ondes circulaires, se forment à ce point, et ces ondes s'agrandissent de plus en plus, en devenant de moins en moins sensibles; car les molécules des premières petites ondes ont communiqué leur ébranlement aux molécules suivantes, celles-ci à d'autres et ainsi de suite; mais cet ébranlement est de plus en plus faible, à mesure qu'il s'éloigne du point où la pierre est tombée. De même, un corps sonore, tel qu'une corde en vibration, ébranle l'air autour de lui et produit des ondes d'air circulaires; ces ondes vont s'élargissant toujours, en devenant de moins en moins sensibles, à mesure qu'elles s'élargissent et s'éloignent du corps qui vibre. Si l'une de ces ondes rencontre notre oreille, elle la frappe et fait vibrer un petit organe, appelé *tympan* [1], que nous avons dans l'oreille. Ces vibrations sont ensuite transmises à un nerf, appelé *nerf acoustique*, lequel communique au cerveau les impressions qu'il reçoit.

JACQUES. — Voilà pourquoi l'on n'entend rien quand on se bouche les oreilles?

Mlle L. — Précisément.

MARG. — Et pourquoi l'on n'entend pas non plus, quand le vent pousse toutes les ondes sonores du côté opposé à celui où l'on se trouve.

JACQUES. — Et pourquoi l'on entend mieux, je veux dire plus fort, quand on est très-près de l'instrument dont on joue.

Mlle L. — Et aussi pourquoi l'on dit quelquefois aux enfants qui font du tapage : « Vous me cassez les oreilles. » C'est qu'en effet, on a vu des gens qui ont eu le tympan déchiré, et qui sont devenus sourds, parce que des ondes sonores trop violentes ou trop souvent répétées, avaient frappé leurs oreilles. Il n'est pas rare, par exemple, de voir des artilleurs devenir sourds.

Vous comprenez donc que, s'il n'y avait point d'air du tout, il n'y aurait point d'ondes cheminant à la suite les unes des autres, en se communiquant l'ébranlement produit par l'instrument en vibration, et l'on ne pourrait entendre aucun son. On fait cette expérience à l'aide d'une *machine pneumatique* [2]. On agite une sonnette sous la cloche de la machine, après avoir retiré l'air du récipient; alors on n'entend pas du tout la sonnette ; mais à mesure qu'on fait rentrer l'air, le son devient de plus en plus

1. Le tympan peut se comparer à une petite peau de tambour très-mince et très-élastique.

2. Voyez le chapitre de la *Machine pneumatique*, page 147.

distinct. Si vous alliez en ballon, bien haut, bien haut dans l'atmosphère, où l'air est de plus en plus rare, vous entendriez à peine parler votre compagnon de voyage. Déjà, sur le Mont-Blanc, un coup de canon produit seulement le bruit d'un coup de pistolet, et un coup de pistolet, celui d'une petite baguette que l'on casse.

Ainsi, non-seulement l'air transmet le son, mais par les exemples que je viens de vous donner, vous voyez qu'il le transmet d'autant mieux qu'il est plus dense. Les liquides étant plus denses que l'air, transmettent encore mieux le son que lui. Ainsi des plongeurs, du fond de la mer, entendent très-bien parler des personnes placées à la surface, beaucoup mieux qu'ils ne les entendraient par l'intermédiaire de l'air, à la même distance.

Enfin, les solides propagent encore mieux le son que les liquides. Des chefs d'armée ont souvent collé l'oreille contre terre, afin de se rendre compte du lieu où se livrait un combat dans le voisinage; et ils ont ainsi entendu le bruit du canon à une bien plus grande distance que ne le leur aurait permis le seul intermédiaire de l'air. Les Arabes, entre autres, usent souvent de ce moyen pour s'assurer de l'approche des caravanes.

Vous voyez, mes enfants, par ces derniers exemples, qu'il est parfois très-utile de connaître la manière dont se propagent les sons, c'est-à-dire comment ils se répandent, se transmettent. Il est utile aussi de savoir comment ils se produisent, car c'est à l'aide de cette connaissance qu'on peut faire des instruments de musique. On donne le nom d'*acoustique* à toutes les observations qui ont été faites sur les sons.

CHAPITRE XXXIII

Acoustique.

(Suite.)

Vitesse du son. — Expériences. — Échos. — Résonnances.

Mlle LAURENCE. — Quand vous avez été dans les bois et que vous avez vu des bûcherons couper des branches d'arbres, avez-vous remarqué qu'on voit la branche tomber (quand on est à une certaine distance) avant d'entendre le coup de cognée qui l'a tranchée?

MARGUERITE. — Non, Mademoiselle, je n'ai jamais remarqué cela.

Mlle L. — Alors, si vous vous êtes trouvée à quelque distance d'un chasseur tirant un coup de fusil, vous avez vu le feu, quand le chasseur a tiré, avant d'entendre le bruit de l'explosion?

MARG. — Non, Mademoiselle, ne le sachant pas, je ne l'ai pas remarqué non plus, mais je le ferai à la première occasion.

Mlle L. — Eh bien, je suis sûre que vous avez remarqué ce que je vais vous dire maintenant. Par les temps d'orage, il vous est arrivé d'entendre le tonnerre assez longtemps après avoir vu un éclair, quoique l'éclair et le tonnerre se produisent en même temps.

MARG. — Oui, Mademoiselle, j'ai vu cela, en effet; mais pourquoi dites-vous que l'éclair et le tonnerre se produisent en même temps, puisqu'on n'entend le tonnerre qu'après avoir vu l'éclair, et souvent même assez longtemps après.

Mlle L. — De même qu'on entend le bruit de l'explosion après avoir vu le feu du coup de fusil ; et de même qu'on entend le bruit de la cognée et de la branche qui tombe, après avoir vu cette dernière tomber.

Marg. — Pourquoi cela ?

Mlle L. — C'est que la lumière, en se transmettant de proche en proche de la même manière que le son, se transmet cependant beaucoup plus vite que lui, et arrive ainsi plus tôt jusqu'à nous.

Supposez, par exemple, qu'une étoile, ne brillant pas dans le ciel, s'illumine tout à coup ; vous ne la verriez pas immédiatement au moment où elle s'illuminerait ; mais vous la verriez au bout d'une seconde, si elle était à 75,000 lieues de vous environ ; vous ne la verriez qu'au bout de deux secondes, si elle s'illuminait à la distance de deux fois 75,000 lieues ; enfin, au bout de trois secondes, si elle était à trois fois la distance de 75,000 lieues, et ainsi de suite ; parce que la lumière se propage, c'est-à-dire se répand autour d'elle avec une vitesse de 75,000 lieues environ par seconde. Cette vitesse est tellement grande que, pour les petites distances, on considère comme nul le temps qui s'écoule entre le moment où la lumière se produit et le moment où on la voit. Mais le son ne se transmet pas aussi vite. Si, par exemple, vous vous trouvez à 337 mètres environ d'un canon qu'on tire, vous n'entendrez le coup qu'une seconde après qu'il aura été tiré ; si vous vous trouvez à une distance double, vous n'entendrez le coup que deux secondes après ; si vous vous trouvez à une distance triple, vous l'entendrez trois secondes après, et ainsi de suite.

La vitesse du son dans l'air est donc de 337 mètres à peu près par seconde.

C'est pourquoi, quand vous voyez un éclair, si vous

comptez le nombre des secondes qui s'écoulent entre l'apparition de l'éclair et le bruit du tonnerre, vous pouvez savoir à quelle distance de vous le tonnerre a éclaté ; autant il y a de secondes, autant il y a de fois 337 mètres. Il suffit donc, pour connaître cette distance, de multiplier 337 mètres par le nombre de secondes que vous avez comptées.

MARG. — Comment sait-on que le son parcourt 337 mètres en une seconde ?

Mlle L. — En 1738, plusieurs physiciens installèrent des pièces de canon à Montlhéry et à Montmartre ; puis ils convinrent, après avoir réglé leurs chronomètres (sorte de montre qui marque les secondes), de tirer des coups de canon en même temps à Montlhéry et à Montmartre. Les observateurs de Montlhéry comptèrent le temps écoulé entre l'apparition (*fig*. 55) de la lumière du canon de Montmartre et le bruit du même coup de canon de Montmartre ; tandis que les observateurs de Montmartre comptèrent le temps écoulé entre l'apparition de la lumière du canon de Montlhéry et le bruit du même coup de canon de Montlhéry. Les uns et les autres répétèrent plusieurs fois l'expérience. Le temps qui s'écoulait entre la lumière d'un coup de canon et le bruit du même coup de canon, était bien le temps que mettait le son pour aller de Montlhéry à Montmartre, ou de Montmartre à Montlhéry. Ils comptèrent ainsi 86 secondes. Comme on sait qu'il y a 29,000 mètres de Montlhéry à Montmartre, on s'est dit : si le son met 86 secondes pour parcourir 29,000 mètres, dans une seule seconde il en parcourt 86 fois moins, ou 29,000 divisé par 86. En divisant 29,000 par 86, on trouve 337. Donc le son parcourt 337 mètres environ en une seconde.

Bien d'autres expériences ont été faites, et elles ont montré de plus en plus que le son se propage plus vite dans les liquides que dans les gaz, et plus vite aussi dans les solides que dans les liquides.

Marg. — Mademoiselle, vous nous avez promis un jour de nous parler des échos, et j'ai la plus grande envie d'en avoir l'explication ; ne nous la donnerez-vous pas bientôt?

(Fig. 55.) — Expérience sur la vitesse du son.

Jacques. — Il y en a un près de notre maison de campagne, il répète tout ce qu'on dit.

Mlle L. — Pour vous faire comprendre les échos, je vais encore me servir de la comparaison d'une pierre jetée dans l'eau. Au moment où la pierre tombe, vous voyez se former autour d'elle des ondes circulaires [1]; mais si l'une de ces ondes rencontre en un point un obstacle, comme un rocher, ou un arbre, ou tout autre objet, elle ne s'arrête pas subitement pour cela; mais elle se replie pour ainsi dire, elle revient sur elle-même.

De même, lorsque le son est produit dans l'air, il se propage toujours de proche en proche tout autour de lui; mais s'il vient en un point à rencontrer un obstacle, comme une tour, un mur ou même un nuage, il se réfléchit à la surface de cet obstacle, c'est-à-dire il revient sur lui-même.

Marg. — Mais, Mademoiselle, il y a toujours des murs quand nous parlons chez nous, et le plus souvent des nuages quand nous parlons dehors; cependant, il n'y a pas pour cela des échos?

Mlle L. — C'est qu'il est encore certaines conditions nécessaires à l'existence d'un écho, et je vais vous les dire.

Pour qu'un écho répète, par exemple, une syllabe, il faut que l'obstacle qui renvoie le son, soit placé à une distance telle, que le son ne revienne à la personne qui parle, que lorsqu'elle a achevé de prononcer la syllabe; car si le son revient avant, il se confond avec le son qu'on achève de prononcer, et produit ce qu'on appelle une *résonnance*, c'est-à-dire un renforcement ou prolongement de son, comme vous en entendez sous les voûtes et dans quelques églises. On cherche quelquefois à produire ces résonnances dans les salles de concerts et dans les lieux où doivent parler des orateurs; mais il ne faut pas que ces résonnances dépassent certaines limites, car elles deviennent alors très-incommodes. Je vous disais donc que, pour

----

1. Voir le chapitre précédent.

que l'écho répète distinctement une syllabe, il faut que l'obstacle qui renvoie le son, soit placé à une distance telle, que le son ne revienne pas à la personne qui parle avant qu'elle ait achevé sa syllabe. En calculant.le temps que l'on met à prononcer une syllabe, et l'espace que parcourt le son pendant ce temps, on a trouvé qu'il faut être à 32 ou 33 mètres environ de l'obstacle, pour entendre l'écho répéter une syllable. Si la distance est double, triple, quadruple, etc., l'écho pourra répéter deux, trois, quatre syllabes et plus ; parce que, ayant une plus grande distance à parcourir, le son mettra plus de temps pour aller à l'obstacle ainsi que pour en revenir ; et ainsi le son des premières syllabes ne sera de retour que lorsque la personne aura achevé de prononcer ses trois ou quatre syllabes.

Les échos sont quelquefois multiples, c'est-à-dire qu'ils répètent plusieurs fois le même son. L'un des plus curieux est celui du château de Simonetta, près de Milan ; il répète, dit-on, jusqu'à quarante fois le même son. Les caveaux du Panthéon, à Paris, répètent aussi le son un grand nombre de fois. Ces sortes d'échos sont dus à la présence de plusieurs obstacles qui se renvoient successivement le son comme une balle élastique.

CHAPITRE XXXIV

Électricité.

L'ORAGE.

Ambre frotté. — Électricité positive. — Électricité négative. —
Étincelle électrique. — Éclairs. — Tonnerre. — Grêle.

MARGUERITE. — Le ciel est couvert de nuages, il fait
chaud, on est mal à l'aise, je crois que nous allons avoir
de l'orage.

JACQUES. — Justement, voici de la grêle.

MARG. — Ferme vite la fenêtre.

JACQUES. — As-tu vu cet éclair?

MARG. — Ferme donc vite la fenêtre; nous allons entendre le tonnerre, et j'en ai si peur!

JACQUES. — Il peut faire beaucoup de mal, n'est-ce pas,
Mademoiselle?

Mlle LAURENCE. — Sans doute. Parfois il entre dans les
maisons en brisant ou lançant à une grande distance
tout ce qui se trouve sur son passage. Il y a quelques
années, j'ai visité un château dans lequel le tonnerre était
entré par la cheminée, avait brisé ou renversé plusieurs
meubles, et avait percé le plancher sous lequel sa trace
s'était perdue. Un habitant du département de la Cor-
rèze me racontait un jour un fait terrible arrivé près
de son village. C'était en 1862; par une chaude journée
du mois d'août, un violent orage éclata soudain; la pluie
tombait à torrents, le tonnerre grondait avec fracas; trois
jeunes bergères, prises à l'improviste, cherchèrent un
abri contre l'orage en se plaçant sous des arbres; deux
d'entre elles se réfugièrent sous un châtaignier, la troi-

sième sou un chêne. Soudain un coup de tonnerre re-
tentit sur leurs têtes, une masse de feu descendit sur le
châtaignier et enveloppa les deux bergères. La troisième
aperçut le feu, sentit l'odeur du soufre et tomba évanouie.
Quand elle eut repris connaissance, ses deux compagnes
ne donnaient plus aucun signe de vie, leurs vêtements
étaient brûlés et leurs sabots brisés. Auprès d'elles se
trouvaient cinq brebis tuées aussi par la foudre, et un
chien coupé en deux morceaux.

MARG. — Mais c'est effrayant ce que vous nous dites
là, Mademoiselle!

Mlle L. — Certainement, mais retenez bien ceci : c'est
que si ces malheureuses bergères étaient restées sous la
pluie, au milieu des champs, plutôt que d'aller se réfugier sous des arbres, elles ne seraient probablement pas
mortes ainsi [1].

JACQUES. — Entends-tu? En voilà un coup! C'est joli-
ment près de nous!

Mlle L. — Non, il n'est pas très-près, parce qu'il y a eu
un assez grand intervalle entre l'éclair et le tonnerre.

MARG. — C'est vrai, l'éclair se produit en même temps
que le tonnerre, n'est-ce pas, Mademoiselle? mais nous
voyons la lumière tout de suite, tandis que le son met
quelque temps à nous parvenir; et voilà pourquoi nous
n'entendons pas le tonnerre en même temps que nous
voyons l'éclair.

Mlle L. — Oui, je vous ai expliqué cela quand je vous
ai parlé de la vitesse du son [2]. Ainsi, vous savez qu'il n'y
a plus aucun danger à courir du coup de tonnerre qui
suit un éclair, dès que vous avez vu cet éclair.

---

1. L'explication en est donnée page 181.
2. Voir le chapitre précédent.

JACQUES. — Vous nous avez dit aussi comment on peut savoir à quelle distance on se trouve du tonnerre ; mais je ne me le rappelle plus.

Mlle L. — Le son parcourt dans l'air environ 337 mètres par seconde ; par conséquent, si le tonnerre avait été à 337 mètres de nous, nous l'aurions entendu au bout d'une seconde ; mais comme il s'est bien passé 8 secondes à peu près, entre l'éclair que nous avons vu et le tonnerre qui l'a suivi, c'est que le tonnerre est à 8 fois la distance de 337 mètres.

MARG. — Calculons cette distance.

JACQUES. — Voici la multiplication faite : 8 fois 337 mètres, cela fait 2696 mètres.

Mlle L. — Ou 2 kilomètres et 696 mètres, c'est-à-dire bien plus d'une demi-lieue.

MARG. — Qu'est-ce qui fait les éclairs et le tonnerre ?

Mlle L. — Vous me demandez une chose qui a été bien longue à trouver. Vous connaissez l'ambre jaune dont on fait des bouts de pipe, des colliers, des bracelets ? On en trouve sur les bords de la Baltique, de l'Elbe et de la Vistule ; il provient de la résine [1] de vieux arbres qui croissaient il y a peut-être des centaines de siècles. Un philosophe grec, Théophraste, qui vivait 300 ans avant Jésus-Christ, nous apprend que les Grecs connaissaient l'ambre jaune et le nommaient *électron*. Théophraste nous dit aussi que, de son temps, on avait remarqué que cet ambre jaune ou électron attire à lui les corps légers quand on l'a frotté. Ainsi, lorsqu'on frotte de l'ambre, surtout si on le frotte avec une étoffe de laine ou une peau de chat, et si on approche ensuite cet ambre

---

1. La *résine* est un liquide qui découle de certains arbres, tels que les pins, les sapins, les mélèzes, etc.

d'un bout de fil ou d'un brin de paille, ou d'une barbe de plume, on voit ces petits morceaux de fil, de paille ou de plume s'envoler vers lui. On n'en sut pas davantage pendant deux mille ans. Vers le commencement du XVIIᵉ siècle, un médecin anglais, Guillaume Gilbert, découvrit que d'autres corps partagent aussi la propriété de l'*électron*, c'est-à-dire que, quand ils sont frottés, ils attirent à eux les corps légers. On chercha la cause de cette attraction, et toutes les observations recueillies depuis sous le nom de phénomènes électriques, dotèrent le monde d'une science nouvelle, qui fit connaître le secret de la foudre et de la télégraphie électrique. Le mot *électricité* est tiré lui-même du mot *électron*.

Suspendez à un fil de soie un petit morceau de papier ou une petite balle de moelle de sureau (*fig.* 56), et approchez-en un bâton de cire à cacheter que vous aurez bien frotté. Le papier s'envolera vers le bâton de cire, y restera collé un moment, puis s'envolera et fuira ensuite si vous le poursuivez avec le bâton. Un petit morceau de verre, comme par exemple une petite fiole de verre bien frottée, produira le même effet que la cire à cacheter; faites-en de même l'expérience.

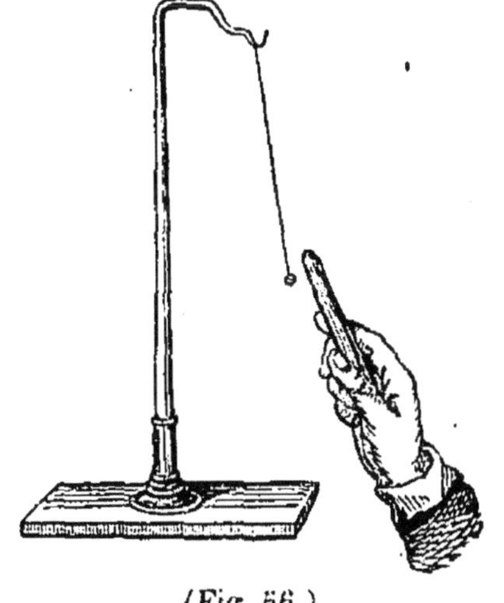

(Fig. 56.)

Si, prenant ensuite d'une main la fiole de verre, et de l'autre le bâton de cire à cacheter, vous les placez tous les deux de chaque côté du morceau de papier, celui-ci ira de la cire au verre, puis du verre à la cire, puis de la cire au verre, puis du verre à la cire, et toujours ainsi.

Un voulut trouver une explication à ces mouvements extraordinaires; on en imagina d'abord une que je ne vous dirai pas, parce qu'elle a été abandonnée, quand Benjamin Franklin en trouva une autre qui parut meilleure, et que je vais tâcher de vous faire comprendre.

Il y a dans tous les corps quelque chose d'invisible comme la chaleur (et qui n'est probablement qu'une autre manifestation de la chaleur elle-même, c'est-à-dire une autre manière d'être de la chaleur); on l'appelle électricité. Il y en a dans tous les corps, en quantité variable, tantôt plus, tantôt moins.

Vous pouvez avoir trop chaud, et vous pouvez avoir froid; quand vous avez trop chaud, vous souffrez et vous cherchez à vous débarrasser de votre excès de chaleur; quand vous avez froid, vous souffrez aussi, et vous cherchez à acquérir de la chaleur; pour que vous soyez à votre aise, il vous faut une certaine mesure de chaleur, ni plus ni moins.

Il en est de même pour les corps avec l'électricité. Celui qui a une quantité convenable d'électricité, ne cherchant ni à la diminuer ni à l'accroître, se tient tranquille; celui qui en a trop et celui qui n'en a pas assez se trouvent également malades, autrement dit *électrisés*, le premier en *plus*, le second en *moins*, et de là deux noms différents donnés à une seule électricité : *électricité positive*, pour celui qui en a trop, et *électricité négative*, pour celui qui n'en a pas assez.

Quand on frotte le verre, il lui arrive un surcroît d'électricité, il passe à l'état positif. Quand on frotte la résine, l'électricité qu'elle avait s'en va, elle passe à l'état négatif. Le premier cherche dès lors à se délivrer de son excès d'électricité, l'autre à s'emparer de l'électricité qu'elle a perdue. Si vous les mettez en présence, ils se précipiteront l'un sur l'autre, la résine pour recevoir, et le verre pour donner ; puis ils s'éloigneront l'un de l'autre, dès que l'échange sera fait. Si, avant que l'échange se fasse, vous mettez entre eux deux un petit morceau de papier, ce papier s'envolera tour à tour vers le verre pour le débarrasser de son trop d'électricité, et vers la résine pour lui donner cette électricité qu'il vient de prendre au verre.

Donc, quand deux corps sont électrisés de la même manière, c'est-à-dire tous les deux *positivement* ou tous les deux *négativement*, ces deux corps se repoussent ; mais si ces deux corps sont électrisés de manière différente, c'est-à-dire l'un positivement et l'autre négativement, ces deux corps s'attirent pour se repousser ensuite. Au moment où ils s'attirent, où ils s'embrassent pour ainsi dire, l'électricité que l'un de ces corps a en plus, passe dans l'autre corps, et produit en passant un bruit et une étincelle.

Marg. — Mais le papier, en s'approchant de la cire ou du verre, ne produit ni bruit ni étincelle ?

Mlle L. — A cause de la petite dimension du bâton de cire, de la fiole de verre et du morceau de papier, nous ne voyons pas d'étincelle, et nous n'entendons pas de bruit ; mais quand on frotte un très-grand morceau de verre, comme on le fait avec une machine qu'on appelle une *machine électrique*, le passage d'une grande quantité d'électricité produit un bruit et des étincelles qui ont de la ressemblance avec le tonnerre et les éclairs. Comme l'éclair, l'étincelle électrique se forme en zigzag ; comme l'éclair, elle laisse après elle une odeur particulière, que l'on sent dans l'air les jours d'orage ; comme l'éclair, elle frappe d'une manière plus ou moins grave les hommes et les animaux ; elle peut même les frapper

mortellement, si elle est produite par une très-forte machine; comme la foudre, elle enflamme certains corps;
elle chauffe, rougit et fond même les métaux.

On pense que le frottement des nuages les uns contre
les autres, le frottement des couches d'air entre elles ou
contre la terre, ou contre les nuages, que ces frottements,
dis-je, électrisent les nuages, les uns positivement, les
autres négativement; et lorsqu'un nuage électrisé positivement vient à rencontrer un nuage électrisé négativement, ces deux nuages s'attirent, l'excès d'électricité du
nuage positif passe dans le nuage négatif, et c'est ce passage qui produit l'éclair et le tonnerre.

Quelquefois un nuage se décharge de son excès d'électricité sur un autre nuage, en plusieurs endroits à la fois;
alors il y a plusieurs éclairs ensemble, et le bruit, venant
jusqu'à nous de plus ou moins loin, met plus ou moins de
temps à nous parvenir[1]. Le bruit de l'éclair le plus proche
arrivant avant le bruit d'un éclair qui est un peu plus
éloigné, et celui-ci avant le bruit d'un éclair plus éloigné
encore, tous ces bruits, en se succédant rapidement, nous
font entendre les roulements de tonnerre dont vous avez
si peur.

Marg. — Et la grêle, d'où vient-elle?

Mlle L. — On ne voit jamais la grêle que quand il y a
de l'orage. La grêle est formée de petits morceaux de
glace qui se forment dans les parties hautes de l'atmo·
sphère; ces petits morceaux de glace se soudent plusieurs
ensemble, c'est-à-dire se collent les uns contre les autres, et forment ainsi de gros grêlons qui se soutiennent
quelque temps dans l'air en tourbillonnant avant de tomber sur la terre. Pour expliquer comment des grêlons si

---

1. Voir le deuxième chapitre sur l'*Acoustique :* vitesse du son, page 166.

lourds peuvent ainsi être soutenus dans l'air, un physicien nommé Volta suppose que les grêlons, placés entre deux nuages électrisés d'une manière contraire, vont tour à tour de l'un à l'autre, comme le petit morceau de papier dont nous parlions tout à l'heure, allait du verre à la cire à cacheter, et de la cire à cacheter au verre.

CHAPITRE XXXV

Électricité.

(*Suite.*)

LES PARATONNERRES.

Bons conducteurs et mauvais conducteurs de l'électricité. — Pouvoir d s pointes. — Corps isolants. — Le cerf-volant de Franklin. — Franklin.

MARGUERITE. — N'y a-t-il rien qui puisse nous garantir du tonnerre?

Mlle LAURENCE. — Il y a les paratonnerres.

MARG. — Qu'est-ce que c'est?

Mlle L. — Les paratonnerres sont ces tiges longues et pointues, en fer, que vous voyez sur les monuments, qu'on cherche ainsi à préserver de la foudre.

MARG. — Et comment ces tiges les préservent-elles?

Mlle L. — Avez-vous jamais vu un incendie qu'on cherchât à éteindre? — On *fait la chaîne*, c'est-à-dire que des hommes, des femmes, des enfants même, tous ceux qui peuvent et qui sont là, se mettent à la file l'un de l'autre, et des seaux d'eau leur passent de main en main, depuis l'endroit où l'eau se puise, jusqu'au feu sur lequel on la jette. Cette chaîne *conduit* l'eau. Eh bien, il y a des corps qui *conduisent* l'électricité, comme cette chaîne *conduit* l'eau ; si on les électrise en un point, ils font immédiatement passer cette électricité à travers eux et la versent ailleurs sans en rien conserver, et cela avec une rapidité qu'on voudrait bien obtenir quand on fait la chaîne ; ils font passer l'électricité à travers eux avec une vitesse de 30 à 40,000 lieues par seconde ; on les appelle des corps *bons conducteurs* de l'électricité, et franchement ils n'ont pas volé leur nom ; les locomotives marchent comme des limaces, en comparaison de cette vitesse de l'électricité chez eux ! D'autres corps, au contraire, font comme ferait à la chaîne une personne qui, au lieu de passer à son voisin le seau d'eau qu'on vient de lui donner, le garderait pour elle ; ces corps-là ne *conduisent pas* l'électricité ; ils la conservent pour eux, au point où on leur en a mis : ce sont des corps *mauvais conducteurs* de l'électricité, et ils sont nommés, eux aussi, comme vous voyez, selon toute justice.

Il est bon que vous sachiez que votre corps est un très-bon conducteur de l'électricité ; les métaux le sont aussi ; le charbon, la braise et l'eau le sont également ; enfin la terre est, selon l'expression consacrée, *le grand réservoir commun de l'électricité.*

Le verre, la résine, la soie, l'air, sont de mauvais conducteurs de l'électricité.

Il faut encore que vous sachiez que quand un corps est électrisé, s'il a des surfaces plates ou arrondies, l'électricité ne s'en échappe guère ; mais s'il présente une pointe en quelque endroit de sa surface, c'est par là que l'électricité s'enfuit. C'est ce qu'on appelle le *pouvoir des pointes.* Benjamin Franklin avait remarqué ce pouvoir des pointes, et il avait dit que si on dressait dans l'air, à une hauteur suffisante, des tiges de métal, en *isolant* ces tiges de la terre, c'est-à-dire en les empêchant d'y toucher, on verrait ces tiges s'électriser aux approches d'un nuage orageux, et que de ces tiges électrisées on pourrait faire jaillir des étincelles.

Pour en faire l'expérience, Franklin, par un jour d'orage de l'année 1752, se rendit dans les champs avec un cerf-volant, armé d'une pointe métallique. Il lança son cerf-volant dans la direction d'un nuage, et peu de temps après, il vit jaillir des étincelles à l'extrémité inférieure de la corde, qu'il ne tenait plus à la main.

Un an plus tard, sans avoir connaissance des résultats obtenus par Franklin, un Français, M. de Romas, se livra à la même expérience dans des conditions plus favorables. Il entrelaça la corde de son cerf-volant d'un fil de fer, parce que le fer est un *bon conducteur* de l'électricité, et il termina cette corde par un cordon de soie qui fut retenu au sol. La soie étant un *mauvais conducteur* de l'électricité, devait empêcher l'électricité du cerf-volant de passer dans la terre. A l'extrémité inférieure de la corde, au point où s'attachait le cordon de soie, était suspendu un tube de fer-blanc qui ne touchait pas à la terre. C'était dans le mois de juin 1753. M. de Romas, avec un grand nombre de personnes qui voulaient voir 'expérience, se rendit au milieu des champs. Un gros nuage venant à passer, M. de Romas lui lança son cerf-volant. Au bout de quelques instants, des brins de paille qui se trouvaient à terre, au-dessous du tube de fer-blanc, furent soulevés par ce tube, et se mirent à danser comme des marionnettes. Ce petit spectacle dura près d'un quart d'heure, après quoi, quelques gouttes de pluie étant tombées, on entendit un bruit continu, semblable à un petit soufflet de forge. Ce fut un avertissement de l'accroissement de l'électricité ; et M. de Romas, craignant quelque accident, pria les spectateurs de s'éloigner. Immédiatement après, on aperçut du feu entre le tube et les brins de paille, et on entendit un bruit qui ressemblait à celui du tonnerre. Trois explosions semblables se succédèrent. Il faut remarquer que pendant tout le temps des expériences, on sentit une odeur de soufre, mais on ne vit point d'éclairs, et à peine entendit-on le tonnerre.

MARG. — Et si la corde du cerf-volant avait touché la terre ?

Mlle L. — Quelque chose de tout différent serait arrivé. Le cerf-volant aurait alors produit l'effet de la chaîne dont je vous parlais tout à l'heure, pour éteindre un incendie. Communiquant avec la terre qui est, comme je vous l'ai dit, le *grand réservoir commun de l'électricité*, le cerf-volant aurait passé au nuage électrisé négativement, autant d'électricité positive qu'il lui en aurait fallu pour ne plus être électrisé (puisqu'un corps est électrisé quand il a trop d'électricité ou qu'il n'en a pas assez), et il aurait puisé cette électricité dans le sol, qui lui en aurait fourni à mesure que le nuage orageux lui en aurait pris. Si, au contraire, le nuage orageux avait été électrisé positivement, il se serait déchargé peu à peu, sur la pointe du cerf-volant, de toute l'électricité qu'il avait de trop, et le cerf-volant aurait fait passer à travers lui, et rendu à la terre, toute cette électricité qui rendait orageux le nuage.

Les paratonnerres rendent exactement les mêmes services que le ferait un cerf-volant armé d'une pointe métallique et communiquant avec la terre. Les tiges des paratonnerres sont terminées en pointe vers le ciel, et descendent jusque dans des trous creusés dans le sol. Quand un nuage orageux vient à passer au-dessus d'une de ces pointes, si ce nuage est orageux parce qu'il lui manque de l'électricité, c'est-à-dire s'il est électrisé négativement, le paratonnerre lui lance par sa pointe de l'électricité positive qui lui vient de la terre ; au contraire, si le nuage est orageux parce qu'il a trop d'électricité, c'est-à-dire s'il est électrisé positivement, il se décharge peu à peu de son excès d'électricité sur la pointe du paratonnerre, et celui-ci fait passer cet excès d'électricité dans la terre. Ainsi l'équilibre d'électricité s'établit silencieusement à la surface des nuages qui passent au-dessus des paratonnerres, et ceux-ci préservent les édifices qu'ils surmontent. Il faudrait bien vous garder, par les temps d'orage, de toucher un paratonnerre, car la foudre à ce moment pourrait être là invisible, et comme votre corps est un *bon conducteur* de l'électricité, celle-ci ne se gênerait pas pour passer par votre corps, et vous seriez foudroyés. Voilà aussi pourquoi il est dangereux, en temps d'orage, d'aller se réfugier sous un arbre, parce que les arbres, ainsi que les clochers et tous les corps élevés, particulièrement lorsqu'ils sont pointus, attirent sur eux la foudre comme la pointe des paratonnerres.

MARG. — Il y a donc des nuages qui sont électrisés positivement et d'autres négativement ?

Mlle L. — Oui, sans doute. Nous avons déjà parlé de cela [1], et l'on a remarqué que quand deux corps sont frottés ensemble, il y en a toujours un des deux qui prend l'électricité positive, tandis que l'autre prend l'électricité négative. Ainsi, quand on frotte du verre avec de la résine, le verre prend l'électricité positive, tandis que la résine prend l'électricité négative ; et on appelle quelquefois l'électricité positive, électricité *vitrée*, parce que c'est

____

1. Voir le chapitre précédent.

celle que prend le verre, tandis qu'on appelle l'électricité négative, électricité *résineuse*, parce que c'est celle que prend la résine.

Les corps mauvais conducteurs sont encore appelés *corps isolants*, parce que, comme le fil de soie du cerf-volant dont nous avons parlé, quand on les place entre la terre et un corps électrisé, ils *isolent* ce corps, c'est-à-dire qu'ils empêchent son électricité de passer dans la terre.

JACQUES. — Qui est-ce qui a inventé les paratonnerres?

Mlle L. — C'est Franklin, dont je vous conseille de lire l'histoire, car c'était un grand homme, et je ne puis ici vous en dire que quelques mots. Fils d'un pauvre fabricant de savon, il se fit imprimeur. A force de travail, d'ordre et d'économie, il devint chef d'une imprimerie importante à Philadelphie. Toujours s'instruisant lui-même et s'occupant des autres, il a fait d'excellents livres pour répandre dans le peuple la morale et l'instruction ; il a fait dans les sciences de grandes découvertes, dont vous pouvez vous faire une idée de l'utilité par l'exemple du paratonnerre. Quand sa patrie eut à soutenir une guerre d'indépendance contre l'Angleterre, Franklin fut chargé, par ses compatriotes, de venir en France pour solliciter des secours. Il fut accueilli à Paris avec enthousiasme et obtint tout ce qu'il demanda. Il concourut à organiser la défense de son pays, et signa le traité qui en assurait l'indépendance. Quand il mourut, en 1790, ce fut une douleur générale ; tout le monde, dans sa patrie, prit le deuil pendant un mois, et l'Assemblée nationale de France pendant trois jours.

CHAPITRE XXXVI

Aimantation.

Les aimants. — La boussole.

JACQUES. — Pour aller en Amérique, on traverse l'Océan?

Mlle LAURENCE. — Sans doute.

JACQUES. — Comment les marins peuvent-ils se diriger sur la mer? Est-ce le soleil ou les étoiles[1] qui les guident?

Mlle L. — Le soleil et les étoiles peuvent les guider; mais il y a des jours où le soleil reste derrière les nuages sans se montrer; il y a aussi des nuits sans étoiles; alors c'est la boussole qui guide les marins sur la mer.

JACQUES. — Qu'est-ce que la boussole?

Mlle L. — Vous connaissez bien l'aimant, cette sorte de pierre noire qui attire le fer, comme le vieil *électron* ou ambre frotté attire les corps légers? Remarquez, s'il vous plaît, cette ressemblance, car nous en trouverons encore d'autres qui donnent fort à soupçonner que l'électricité joue un rôle dans les aimants.

Quand on approche un aimant d'une aiguille d'acier, cette aiguille est attirée par l'aimant, et, après s'être un moment comme collée contre lui, elle devient elle-même un aimant qui attire d'autres corps. Si vous pouvez vous procurer un de ces morceaux d'aimant que l'on vend sous la forme d'un fer à cheval, approchez cet aimant d'une aiguille d'acier, de manière que les

1. Voir le chapitre de l'*Orientation*, page 95.

bouts de l'aiguille touchent les deux bouts de l'aimant puis, tenant votre aimant par le milieu, donnez-lui un petit mouvement de va-et-vient, votre aiguille s'aimantera ainsi en un moment. Prenez ensuite un petit bouchon, puis un canif ou un couteau, et coupez sur ce bouchon un petit jeton de liége, aussi mince que vous pourrez; mettez votre aiguille aimantée sur ce petit rond de liége, et le petit rond de liége sur l'eau. Alors regardez : un des bouts de votre aiguille se dirigera sûrement vers le Nord, tandis que l'autre bout se dirigera vers le Sud.

JACQUES. — Attendez, que je me souvienne de quel côté est le Sud.

MARGUERITE. — Quand à midi on a le soleil devant soi, c'est le Sud qu'on a devant soi, et le Nord est derrière, juste opposé au Sud.

Mⁱˡᵉ L. — C'est cela. Eh bien, qu'il y ait du soleil ou qu'il n'y en ait pas, un des bouts de l'aiguille aimantée indique le Sud, tandis que l'autre bout indique le Nord.

MARG. — Sera-ce la pointe ou la tête de l'aiguille qui se tournera du côté du Sud?

Mⁱˡᵉ L. — Vous regarderez cela une première fois à midi, quand il y aura du soleil. Si cette première fois la pointe de l'aiguille se dirige vers le soleil, ce sera toujours la pointe qui indiquera le Sud; si, au contraire, c'est la tête de l'aiguille qui se dirige vers le soleil, alors ce sera toujours la tête qui indiquera le Sud, tandis que la pointe indiquera toujours le Nord.

Si, avec votre aiguille aimantée, vous en aimantez une autre, en les couchant l'une à côté de l'autre, tête contre tête vers le Sud, et pointe contre pointe vers le Nord, dès que votre nouvelle aiguille sera aimantée, sa tête fuira celle de sa compagne pour se diriger vers le Nord. Ne voyez-vous pas là une ressemblance avec les corps élec-

trisés, qui se repoussent dès qu'ils ont la même électricité ?

Mais revenons à votre boussole, car c'est une vraie boussole que votre aiguille aimantée reposant sur un liége qui
flotte sur l'eau. Pendant longtemps on n'en eut pas
d'autre; et les Napolitains, les Français, les Portugais,
les Anglais et les Chinois revendiquent l'honneur de s'en
être servis les premiers ainsi. Ce ne fut qu'au xive siècle
que le Napolitain Flavio Gioja apporta à la boussole de
grands perfectionnements, entre autres celui de la dispo-
ser de manière que l'aiguille aimantée tourne à sa guise
dans une petite boîte, laquelle on peut mettre dans sa
poche (*fig.* 57). Au fond de cette boîte se trouve dessinée

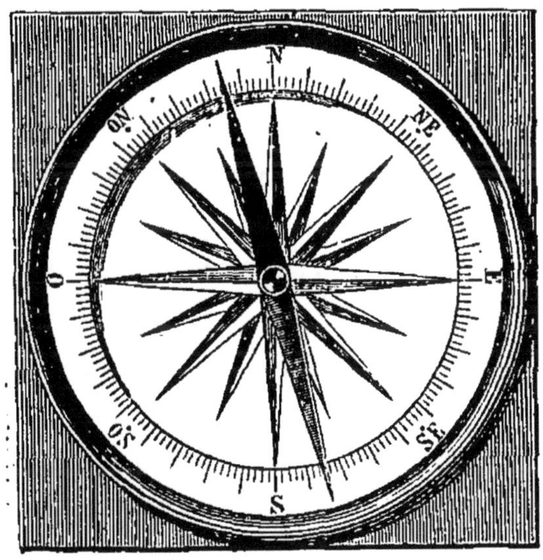

(Fig. 57.)

une figure en forme d'étoile, et nommée *rose des vents*.
Les pointes de cette étoile indiquent les directions. Par
exemple, la pointe N indique le Nord ; la pointe S, le Sud ;
la pointe E, l'Est ; la pointe O, l'Ouest. Entre le Nord et

l'Est se trouve le Nord-Est; entre le Nord et l'Ouest est
le Nord-Ouest; entre le Sud et l'Est est le Sud-Est; entre
le Sud et l'Ouest est le Sud-Ouest.

C'est à partir du moment où l'on a eu la boussole, que
les navires s'aventurèrent sur tous les océans connus et
inconnus; c'est alors que Christophe Colomb découvrit
l'Amérique, et que Vasco de Gama trouva une route
pour aller aux Indes, en faisant le tour du cap de Bonne-
Espérance [1].

CHAPITRE XXXVII

Électricité et Aimantation.

(*Suite.*)

LA TÉLÉGRAPHIE.

Piles. — Courants électriques. — Fer doux — Effets produits par les
courants électriques : décomposition et recomposition des corps,
lumière électrique, etc.

JACQUES. — Qu'est-ce que ces fils qu'on voit tendus à
des poteaux sur toutes les lignes de chemins de fer?

Mlle LAURENCE. — Les fils du télégraphe? — Ce sont
des fils métalliques, c'est-à-dire des fils en métal, à travers lesquels passe l'électricité, comme dans les paratonnerres [2]. Les hommes se servent de l'électricité pour
communiquer entre eux; ils confient à l'électricité des

1. Maintenant on passe aussi par le canal de Suez.
2. Voir le chapitre des *Paratonnerres*, page 177.

dépêches, et l'électricité, passant le long de ces fils avec la rapidité prodigieuse que vous lui connaissez, va porter ces dépêches, en moins d'une seconde, d'une extrémité de la terre à l'autre. C'est merveilleux, n'est-ce pas? mais vous n'y voyez pas encore tout à fait clair dans cette explication?

JACQUES. — Non, je voudrais savoir comment on peut faire passer de l'électricité par ces fils, et comment cette électricité transmet les dépêches.

Mlle L. — Un jour de l'année 1790, un professeur de Bologne, nommé Galvani, préparait des grenouilles pour quelque recherche scientifique, c'est-à-dire qu'après les avoir tuées, il les écorchait pour voir comment elles étaient faites. A mesure qu'il les avait préparées, il suspendait ses grenouilles à un balcon par des crochets en cuivre qu'il leur passait dans les reins, à l'endroit où se trouve un gros nerf. Un petit vent qui vint à souffler commença à faire danser les préparations, et à chaque fois qu'une grenouille venait toucher de ses pattes pendantes les barreaux de fer du balcon, elle se repliait tout à coup avec une sorte de convulsion, comme si la pauvre petite morte se fût mise à danser.

Galvani vit ces mouvements et comprit du premier coup qu'il devait y avoir de l'électricité là dedans. Si Galvani n'avait pas su ce que l'on savait dans ce temps-là sur l'électricité, il n'y aurait jamais pensé en voyant ses grenouilles danser, et nous n'aurions pas aujourd'hui la télégraphie; voilà comment le hasard et la science, venant à se rencontrer, produisent ensemble de grandes découvertes.

C'était en effet l'électricité qui faisait de ses coups dans les muscles et les nerfs des grenouilles; on reconnut alors qu'il n'y avait pas que le frottement entre deux corps ou le contact [1] avec un corps électrisé qui pouvait électriser d'autres corps. Galvani déclara qu'il existait une électricité animale. Volta, qui professait la physique à Pavie, déclara, lui, que la cause du mouvement des grenouilles mortes était le contact des métaux, dont l'un (le cuivre des crochets) avait attiré l'électricité de l'autre (le fer du balcon); de sorte que le premier s'était trouvé électrisé positivement et le second négativement. Chose curieuse à citer pour la rareté du fait, Galvani et Volta discutèrent fort longtemps, et il se trouva que tous deux avaient raison; car, pendant que Galvani obtenait des secousses en mettant en contact les muscles et les nerfs de ses grenouilles, sans le secours d'aucun métal, d'un autre côté, Volta produisait de l'électricité en mettant en contact deux métaux, sans l'assistance d'aucune grenouille ni autre animal.

D'essais en essais, Volta arriva à reconnaître que les deux métaux les plus propres à s'électriser l'un positivement, l'autre négativement, quand ils sont en contact, c'est le cuivre et le zinc. Puis, il trouva que l'effet produit devient plus considérable, quand on met à la suite l'un de l'autre un grand nombre de morceaux de ces deux métaux, et toujours dans l'ordre suivant : un morceau de cuivre, un morceau de zinc, un morceau de cuivre, un morceau de zinc, etc., en les empilant l'un sur l'autre, de façon qu'un bout de la *pile* soit un morceau de cuivre, et l'autre bout un morceau de zinc. C'est ce qu'on appelle la *pile de Volta* (*fig.* 58). On obtient ainsi de l'électricité positive sur le bout de la pile se terminant par le cuivre, et de l'électricité négative sur le bout de la pile se terminant par le zinc. Si l'on met en présence deux fils métalliques *p n* partant de chaque bout de la pile, on

1. On dit que deux choses sont en contact, lorsqu'elles se touchent.

obtient une décharge électrique, ou plutôt une suite continue de décharges, l'électricité positive courant sans cesse d'une extrémité de la pile à l'autre, se reformant, se renouvelant dans la pile, au fur et à mesure qu'elle perd de son excès, en s'unissant avec l'électricité négative. Figurez-vous ce géant de la mythologie, cet Antée qu'Hercule ne pouvait terrasser, parce que chaque fois qu'Antée touchait la Terre, sa mère, celle-ci ranimait ses forces. Cette électricité courant ainsi toujours d'une extrémité de la pile à l'autre est un *courant électrique*.

D'autres physiciens ajoutèrent des modifications à la *pile de Volta*, et ils inventèrent d'autres manières de produire des *courants électriques ;* mais le principe est toujours le même, et le nom de *piles* est resté à tous ces appareils qui servent à produire ces courants.

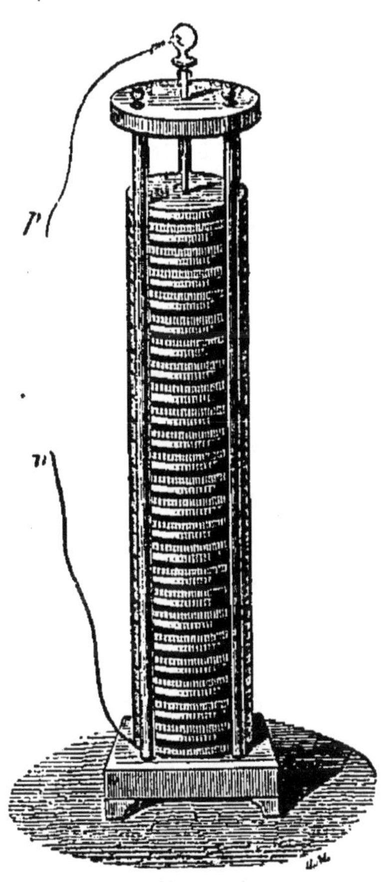

(Fig. 58.)

Après bien d'autres expériences faites par beaucoup de physiciens, expériences dont je ne puis vous parler aujourd'hui, Arago, en 1820, constata le fait qu'un morceau de fer doux s'aimantait [1] dès qu'un courant électrique traversait un fil enroulé autour de lui, et qu'il cessait

1. Voir le chapitre précédent.

d'être aimanté à l'instant même où le courant cessait de traverser le fil. Ceci trouvé, on tenait la télégraphie.

JACQUES. — Qu'est-ce que le fer doux ?

Mlle L. — C'est le fer ordinaire; on le nomme ainsi pour le distinguer de l'acier, qui n'est autre que du fer ayant subi une certaine préparation ; les fils de fer qui se laissent ployer facilement sont en fer doux; les aiguilles qui se cassent net, quand on veut les courber, sont en acier. Faites courir un fil métallique, comme vous en voyez sur toutes les lignes de chemins de fer, que ce soit de Paris à Lyon, ou de Paris en Chine, comme vous voudrez, pourvu qu'au terme de sa course votre fil aille s'enrouler autour d'un morceau de fer doux, à l'instant même où, de la place où vous êtes, vous faites communiquer votre fil avec une pile, l'électricité passe de la pile dans le fil, et aimante à Lyon ou en Chine le morceau de fer doux sur lequel est enroulée l'autre extrémité du fil. Quand vous cessez de faire communiquer le fil avec la pile, au même instant le fer doux, à Lyon ou en Chine, cesse d'être aimanté. Le fer doux peut donc, à votre volonté et instantanément, devenir loin de vous un aimant, ou cesser de l'être. Chaque fois qu'il devient aimant, il attire à lui une tige de fer, et cette tige, en s'inclinant pour s'approcher de l'aimant, fait tourner une aiguille sur un cadran. Chaque fois que le fer doux cesse d'être un aimant, la tige de fer qu'il avait inclinée se redresse, et en se redressant, elle fait encore tourner l'aiguille du cadran (*fig.* 59).

Eh bien, supposez que, de Paris où nous sommes, nous fassions faire quatre petits mouvements à l'aiguille du cadran à Lyon. Si nous sommes convenus avec les personnes qui regardent le cadran à Lyon, que quatre mouvements signifieront la quatrième lettre de l'alphabet, après

quatre mouvements, si l'aiguille s'arrête, on lira D sur le
cadran de Lyon, puisque D est la quatrième lettre de l'alphabet. Et si chaque lettre peut ainsi être indiquée par
un certain nombre de mouvements, ces lettres formeront
des mots qui dictés à Paris, seront lus au même instant
à Lyon.

(Fig. 59.)

Puisque vous savez maintenant ce que c'est qu'un courant électrique, je veux vous parler de quelques autres
effets produits par lui. Par exemple, quand je vous ai
dit que l'eau se compose de deux volumes d'hydrogène
et d'un volume d'oxygène [1], la pile a aidé à s'en convaincre, parce qu'en mettant de l'eau dans le passage
d'un courant électrique, on a vu l'oxygène se rendre à
l'extrémité positive de la pile, tandis que l'hydrogène se

1. Voir le chapitre sur les *Combinaisons chimiques*, composition de
l'eau, page 40.

rendait à l'extrémité négative. S'arranger pour recueillir ces gaz chacun de leur côté, les mesurer et les peser, n'a pas été chose difficile. On a pu ensuite recomposer de l'eau avec ces deux mêmes gaz, en les enfermant ensemble dans un vase où l'on a fait passer une étincelle électrique; au moment où l'étincelle a passé, on a entendu une petite explosion; et à la place de l'hydrogène et de l'oxygène mis dans le vase, on a trouvé de l'eau. Ainsi l'électricité refait ce qu'elle a défait.

Le courant électrique décompose encore une quantité de corps qu'on avait crus des corps *simples*, c'est-à-dire indécomposables; et il en compose ou recompose d'autres.

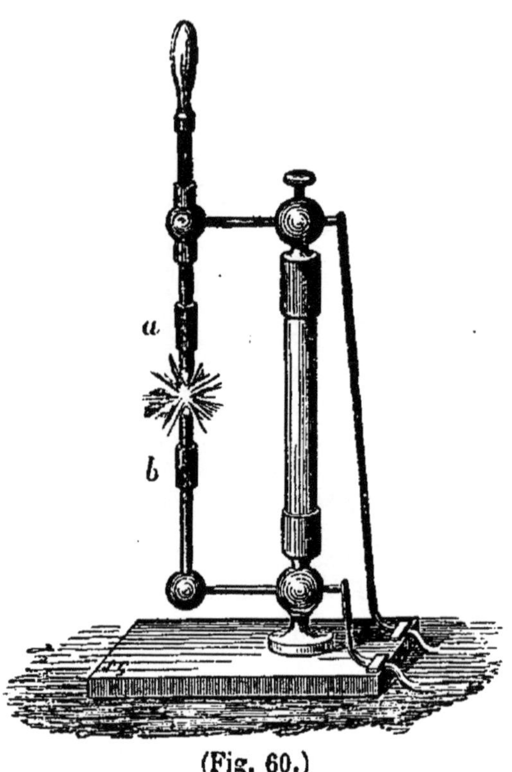

(Fig. 60.)

Enfin, c'est lui qui produit ce prodigieux effet de lumière qu'on appelle *lumière électrique*, laquelle permet à de grands chantiers d'ouvriers de travailler la nuit comme en plein jour. Le courant électrique produit cette lumière en traversant de petits morceaux de charbon placés l'un près de l'autre, à l'extrémité des deux fils *a* et *b* d'une très-forte pile (*fig.* 60).

CHAPITRE XXXVIII

Les Feux Follets.

Décomposition des corps organiques. — Hydrogène carboné.

MARGUERITE. — Mademoiselle, il faut que je vous raconte ce que m'a dit le vieux François.

Mlle LAURENCE. — Qui est le vieux François?

MARG. — C'est un pauvre paysan de notre village. Je l'ai vu hier, il était bien malade; il annonçait à sa famille sa mort prochaine, parce que, disait-il, il avait vu des feux follets, et que ces feux étaient les âmes de ses parents qui étaient sortis de leurs tombes pour venir le chercher.

JACQUES. — Qu'est-ce que des feux follets?

Mlle L. — On appelle ainsi de petites flammes sautantes et dansantes, qu'on dit avoir été aperçues au-dessus des marais et quelquefois dans les cimetières. On en parle beaucoup dans la campagne, mais il est bien rare qu'on en voie; seulement, comme le fait semble surnaturel, chacun se plaît à répéter ce qu'il en a entendu dire, en ajoutant quelque chose de son imagination; et c'est ainsi que vous entendrez peut-être parler de feux follets semblables à des torches flamboyantes s'élançant de terre, et exécutant dans l'air mille gambades fantastiques. On dit aussi que ces flammes fuient devant ceux qui veulent s'en approcher, et qu'elles poursuivent ceux qui cherchent à se sauver de leur présence.

MARG. — Mais d'où viennent ces feux?

Mlle L. — Quand vous avez un bouquet de fleurs dans un vase, vous ne pouvez pas le garder indéfiniment; au bout de quelque temps, il se fane et sent mauvais; les fleurs blanches prennent une teinte sale, celles qui sont roses jaunissent; les bleues deviennent violettes ou rouges; les tiges et les feuilles vertes noircissent, s'amollissent; enfin, avec le temps, tout le bouquet pourrit, se *décompose*. Ainsi tous les corps organiques [1], animaux et plantes, se décomposent quand ils ont cessé de vivre; les diverses matières qui les composaient se séparent, et laissent échapper des gaz retenus jusqu'alors sous une autre forme. Parmi ces gaz se trouve l'hydrogène carboné, dont on se sert pour l'éclairage. Eh bien, au-dessus des marais où des plantes pourrissent, se décomposent, il se dégage de l'hydrogène carboné, et il pourrait bien se faire que ce gaz, qui est très-inflammable, prît feu dans l'air.

Marg. — Mais pourquoi ces flammes s'élèveraient-elles en sautillant?

Mlle L. — Parce que l'hydrogène carboné étant plus léger que l'air, serait soulevé par ce dernier.

Marg. — Et pourquoi ces flammes se sauveraient-elles quand on s'en approche, tandis qu'elles poursuivraient ceux qui les fuient?

Mlle L. — Parce qu'en marchant, on produit des mouvements d'air que pourraient bien suivre ces flammes.

Marg. — Je comprends maintenant comment il peut y avoir des feux follets dans les marais; mais pourquoi dans les cimetières?

Mlle L. — La chose pourrait s'expliquer ainsi : d'abord c'est qu'il y a des cimetières qui sont humides; alors l'hu-

---

1. Voir le chapitre sur les *Corps organiques et les Corps inorganiques*, page 30.

midité et la chaleur favoriseraient les décompositions;
puis, c'est qu'un autre gaz, l'hydrogène phosphoré, encore plus inflammable que l'hydrogène carboné, s'exhale
avec ce dernier des matières animales qui se décomposent. Il n'y aurait donc rien de surnaturel à ce que, si
des corps n'étaient pas profondément enterrés, l'un ou
l'autre des gaz que je viens de nommer, ou tous les deux,
produisissent des feux follets. Mais, je vous le répète,
l'existence même de ces feux est douteuse, et le vieux
paysan qui vous en a parlé n'a peut-être fait que répéter,
dans le délire de la fièvre, ce qu'il a entendu dire par
d'autres qui n'en ont pas vu plus que lui. Souvent la peur
fait croire qu'on a vu réellement ce qui n'existe que dans
l'imagination.

CHAPITRE XXXIX

Chaleur.

Chant de l'eau. — Ébullition. — Force élastique de la vapeur. — Son
emploi dans les machines à vapeur. — Locomotive.

MARGUERITE. — Nous pourrions verser l'eau sur le thé,
je crois qu'elle bout?

Mlle LAURENCE. — Non, elle ne fait que chanter.

MARG. — Qu'est-ce qui fait chanter l'eau?

Mlle L. — Lorsque de l'eau se trouve dans un vase
quelconque sur le feu, la chaleur peu à peu transforme
cette eau en vapeur; les bulles de vapeur commencent
à se former dans le fond du vase, et, se trouvant plus
légères que l'eau, montent vers sa surface; mais en

montant, ces bulles de vapeur rencontrent des molécules d'eau encore froides; alors ces bulles de vapeur se condensent sous cette impression de froid, de nouvelles bulles de vapeur se forment au fond du vase et se condensent de même en montant, avant d'avoir atteint la surface de l'eau. Ce sont ces mouvements des bulles de vapeur qui produisent ce petit chant de l'eau.

Mais il arrive un moment où les bulles, en montant, ont chauffé toutes les molécules de l'eau; celles-ci, d'ailleurs, prenant au fond du vase la place des bulles de vapeur, à mesure que les bulles montent. Les nouvelles bulles qui se forment alors montent jusqu'à la surface, en mettant toute l'eau en mouvement; c'est alors le moment où l'eau *bout*, où elle est, comme on dit, en *ébullition*.

JACQUES. — Pourquoi l'huile bouillante est-elle plus chaude que l'eau bouillante?

Mlle L. — Parce qu'il y a des liquides qui se transforment plus difficilement que d'autres en vapeur; il faut donc plus de chaleur pour que des bulles de vapeur se forment au fond de ces liquides et montent à la surface, pour qu'ils bouillent, en un mot.

JACQUES. — Si on laissait l'eau bouillir pendant très-longtemps, deviendrait-elle aussi chaude que l'huile bouillante?

Mlle L. — Non, à partir du moment où un liquide entre en ébullition, c'est-à-dire où il commence à bouillir, ce liquide ne s'échauffe pas davantage s'il reste sur le feu, et toute la chaleur que l'on continue à lui donner sert à le transformer en vapeur.

JACQUES. — Et si l'on continuait à chauffer cette vapeur?

Mlle L. — Il faudrait pour cela se procurer un vase très-bien fermé et extrêmement solide, parce que si le

vase n'était pas bien fermé, la vapeur s'échapperait au
fur et à mesure qu'elle se formerait; ou si le vase, étant
bien fermé, n'était pas extrêmement solide, la vapeur le
briserait en mille éclats pour s'échapper ; car, comme je
vous l'ai dit [1], la vapeur a une force élastique considérable, c'est-à-dire que ses molécules se repoussent les
unes les autres et pressent de dedans en dehors avec une
force extrême les vases qui la contiennent. C'est d'ailleurs
cette force dont on se sert pour faire marcher les machines à vapeur. Dans les locomotives, la vapeur soulève
d'énormes pistons, lesquels pistons, en montant et en descendant dans de grands cylindres [2], communiquent leur
mouvement aux roues des locomotives, et celles-ci entraînent tous les wagons avec elles.

JACQUES. — Comment la vapeur fait-elle monter et
descendre ces pistons?

Mlle L. — Regardez ces deux dessins montrant : l'un
(*fig.* 61), l'intérieur d'un cylindre pendant que le piston
monte; l'autre (*fig.* 62), l'intérieur du même cylindre pendant que le piston descend. La vapeur, arrivant d'une
chaudière par le tuyau V, s'introduit ensuite dans le
cylindre. Un tiroir T monte et descend tour à tour, au
moyen d'un ressort, en glissant contre le cylindre. Quand
ce tiroir est en haut, comme dans la figure 61, la vapeur
passe par le tuyau C et fait monter le piston P. Quand le
tiroir est en bas, comme dans la figure 62, la vapeur passe
par le tuyau E et fait descendre le piston.

MARG. — Mais quand le piston descend, que devient la
vapeur qui était au-dessous de lui? (*Fig.* 62.)

Mlle L. — Elle s'en va par le tuyau C et l'ouverture O,

1. Voir dans le chapitre : *Solides, liquides et gaz*, page 27.
2. Voir dans le chapitre sur les *Pompes*, ce qu'on appelle *cylindres,
pistons*, etc., page 141.

qui est en communication avec l'atmosphère; l'atmosphère refroidit cette vapeur, la condense, de sorte qu'elle n'offre plus de résistance au piston. De même, quand la vapeur entre dans le cylindre par le tuyau C et que le piston remonte (*fig.* 61), la vapeur qui se trouvait au-dessus de lui s'échappe par le tuyau E et l'ouverture O.

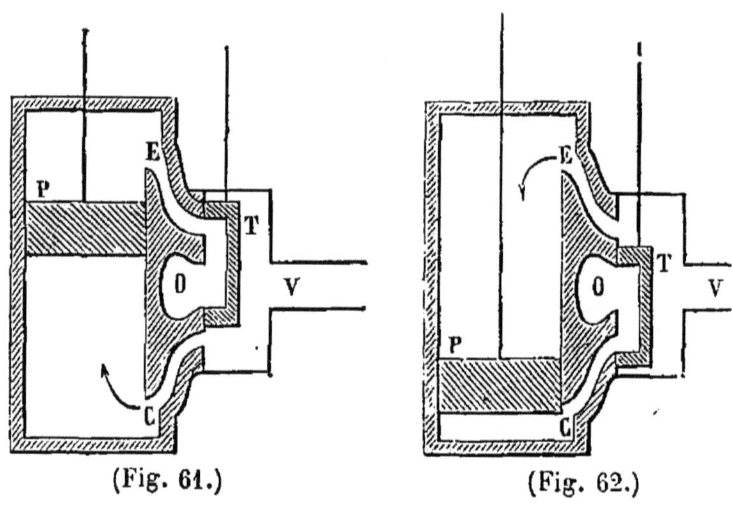

(Fig. 61.)   (Fig. 62.)

JACQUES. — Plus la vapeur est chaude, plus elle a de force, n'est-ce pas, mademoiselle?

Mlle L. — Certainement, et l'on est obligé de prendre de grandes précautions pour qu'elle ne fasse pas éclater les chaudières qui la retiennent prisonnière. C'est pour cela que ces chaudières sont munies d'une *soupape de sûreté*, sorte de porte qui s'ouvre de dedans en dehors. Quand la vapeur devient trop chaude, et par conséquent possède une force d'expansion plus grande que celle dont on a besoin, elle soulève la soupape et s'échappe en partie de la chaudière.

JACQUES. — Je voudrais bien voir l'intérieur d'une locomotive.

Mlle L. — Voici un dessin qui vous en donnera une idée.

(Fig. 63.) — Coupe longitudinale d'une locomotive.

Il représente une locomotive coupée dans le sens de sa longueur (*fig.* 63). Deux pistons, comme ceux dont je vous ai parlé (*fig.* 61 et 62), sont placés l'un à côté de l'autre, horizontalement, au-dessous de la cheminée. Dans cette locomotive coupée, nous ne pouvons en voir qu'un. Chaque piston communique son mouvement à une des grandes roues du milieu, et les petites roues sont entraînées par les grandes. La chaudière a la forme d'un cylindre ; elle occupe presque tout l'intérieur de la locomotive, jusqu'à la cheminée. Le feu est en arrière. Les tuyaux que vous voyez font communiquer le feu avec la cheminée ; ils passent dans la chaudière en lui portant de la chaleur ; ils sont tout entourés de vapeur. Cette vapeur monte jusqu'au tuyau p, où elle entre, pour passer ensuite dans le tuyau $s\,s$; l'extrémité de ce dernier tuyau s se divise en deux branches ; l'une de ces branches n porte la vapeur dans le cylindre o que nous voyons ; et c'est là que la vapeur fait monter et descendre le piston, comme nous l'avons vu tout à l'heure (*fig.* 61 et 62). L'autre branche du tuyau S conduit la vapeur dans le second cylindre que nous ne voyons pas, et là elle fait aussi monter et descendre un piston. Quand la vapeur a fait produire un mouvement à l'un des pistons, elle passe par le tuyau v qui la conduit dans la cheminée, où elle s'unit à la fumée pour s'échapper dans l'atmosphère. w est une soupape de sûreté ; J est le sifflet dans lequel la vapeur, en passant, produit le bruit que vous connaissez.

Jacques. — Qui est-ce qui a inventé les machines à vapeur ?

Mlle L. — C'est un Français, Denis Papin, qui a trouvé le moyen de faire mouvoir un piston par la force de la vapeur. En 1707, Papin voulut tenter la première expérience de sa découverte, en faisant marcher un navire à vapeur; mais tous ceux qui auraient pu l'aider se montrèrent indifférents ou hostiles à son entreprise, et sa machine fut mise en pièces par des mariniers. Papin, exilé de son pays par Louis XIV, parce qu'il était protestant, et à bout de ressources, ne put plus rien tenter; plus tard, d'autres physiciens s'emparèrent de sa découverte, et, plus heureux, ils en virent les résultats.

Cette invention de la machine à vapeur a, comme vous pouvez le voir, une importance considérable : elle établit des communications entre les hommes; elle répand toutes les industries dans les pays les plus éloignés de leur origine, si bien que les hommes de toute la terre peuvent se rendre service les uns aux autres; avec elle, le navigateur peut remonter facilement le cours des fleuves, et braver sur la mer les vents contraires; elle remplace les moulins à vent et les moulins à eau, qui s'arrêtaient quand le vent cessait de souffler ou quand la rivière était à sec; elle sert de bras à l'homme pour filer, pour tisser et faire, avec une rapidité extrême, mille autres ouvrages qui demandent une force extraordinaire. Ses effets sont donc merveilleux, et nous montrent, d'une manière frappante, comment les forces de la nature se mettent au service de l'intelligence.

CHAPITRE XL

Chaleur.

(*Suite.*)

Thermomètres. — **Force expansive de la glace.** — Fusion de la glace. — Graduation du thermomètre centigrade et du thermomètre Réaumur. — Corps bons conducteurs et corps mauvais conducteurs de la chaleur. — Sources de chaleur.

MARGUERITE. — Qu'il fait donc froid ! Nous prendrons bien une seconde tasse de thé, cela nous réchauffera ; je vais remettre de l'eau sur le feu.

JACQUES. — Pensez-vous qu'il fasse plus froid qu'hier, Mademoiselle ?

Mlle LAURENCE. — Je le crois, cependant je n'en suis pas sûre ; si vous tenez à le savoir, regardez le thermomètre.

JACQUES. — Qu'est-ce que le thermomètre ?

MARG. — C'est cette planchette qui est pendue à la fenêtre. Il y a un tube de verre dessus, et un liquide gris dans ce tube. Quand le froid augmente, le liquide descend dans le tube, et quand le froid diminue, le liquide monte. Est-ce cela, Mademoiselle ?

Mlle L. — C'est cela. Une diminution de chaleur, en condensant les molécules du liquide, diminue son volume, par conséquent le fait descendre dans le tube ; tandis qu'au contraire, une augmentation de chaleur, en dilatant les molécules du liquide, lui fait occuper un plus grand espace, par conséquent le fait monter. Le thermomètre mesure donc la chaleur comme son nom l'indique, car ce mot est formé de deux mots grecs : *thermè*, qui signifie *chaleur*, et *métron*, qui signifie *mesure*.

JACQUES. — Quel est ce liquide gris qui est dans le tube ?

Mlle L. — C'est du mercure, liquide métallique que vous avez déjà vu dans le baromètre.

MARG. — Le froid condense tous les corps, n'est-ce pas, Mademoiselle ?

Mlle L. — L'eau fait exception à cette loi. Tandis que tous les autres corps diminuent de volume à mesure qu'ils se solidifient, l'eau, en devenant glace, augmente de volume, parce qu'elle se dispose en petites aiguilles qui s'enchevêtrent les unes dans les autres, en emprisonnant entre elles des bulles d'air. En augmentant ainsi de volume, l'eau brise souvent les vases qui la contiennent, les tuyaux dans lesquels elle se trouve ; on a même vu de la glace briser des canons de fonte dans lesquels elle s'était formée.

Quand la glace devient liquide, elle conserve la même température pendant toute la durée de sa *fusion*, ce qui veut dire pendant tout le temps qu'elle fond. L'eau conserve aussi la même température pendant tout le temps qu'elle bout ; c'est pourquoi l'on se sert de la glace fondante et de l'eau bouillante pour construire les thermomètres.

JACQUES. — Comment construit-on les thermomètres ?

Mlle L. — On prend un tube en verre, ayant à l'une de ses extrémités une petite boule ou un cylindre plus large que le tube, et à l'autre extrémité une petite ouverture. On remplit ensuite de mercure le cylindre et on le fait chauffer. Le mercure alors se dilate et occupe tout le tube. Lorsque le mercure est près de s'échapper, on ferme l'ouverture du tube en l'approchant de la flamme d'une lampe. Le tube ne contient donc pas d'air du tout, mais seulement du mercure qui, en se refroidissant,

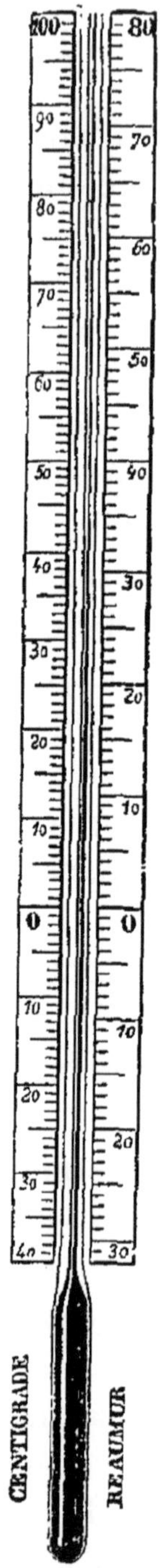

(Fig. 64.)

descend dans le tube, dont il n'occupe plus qu'une partie (*fig. 64*). Ensuite, on plonge le tube dans de la glace pilée. Le froid de cette glace condense un peu le mercure, qui diminue de volume et descend dans le tube. A la place où le mercure s'arrête quand il est dans cette glace, on fait une petite marque sur le verre du tube. On plonge ensuite le tube dans de la vapeur d'eau bouillante; alors la chaleur. de cette vapeur dilate le mercure, qui augmente de volume et monte dans le tube. A la hauteur où le mercure s'arrête quand le tube est dans la vapeur d'eau bouillante, on fait une autre petite marque sur le verre du tube.

Ces deux marques faites, on fixe le tube sur **une** planchette. Il y a donc déjà deux marques sur le tube; l'une, la plus basse, indique le point où le mercure descend, quand on met le thermomètre dans un endroit aussi froid que la glace fondante; et l'autre, plus haut, indique la place où le mercure monte dans le tube, quand on met le thermomètre dans un endroit aussi chaud que l'eau bouillante. En face de la première marque, on écrit sur la planchette : *0° glace fondante*, ce qui se lit : *zéro degré, glace fondante;* et en face de l'autre marque on écrit : *100° ébullition de l'eau*, ce qui se lit : *cent degrés, ébullition de l'eau* (le mot *ébullition* signifie *qui bout*) [1].

1. Dans les petits thermomètres, on met simplement 0° et 100°, sans écrire ces mots : *glace fondante* et *ébullition de l'eau*.

Mais, entre le froid de la glace et la chaleur de l'eau
bouillante, il y a bien des degrés différents de chaleur;
par exemple, l'eau qu'on sert d'ordinaire à table n'est pas
si froide que la glace, et le thé que vous buvez n'est
pas bouillant ; les bains tièdes que vous prenez ont encore
des températures différentes. Pour mesurer toutes les températures, voilà ce qu'on a imaginé : on a dessiné sur la
planchette du thermomètre une petite échelle composée
de cent petits échelons, le pied de l'échelle se trouvant en
bas, à cet endroit où est écrit 0° *glace fondante*, et le cen-
tième échelon se trouvant en haut, à l'endroit où est écrit
100° *ébullition de l'eau.* Chaque échelon qu'on appelle un
degré indique une température différente; par exemple,
le pied de l'échelle indique la température de la glace
fondante ; le premier échelon au-dessus indique une température un peu moins froide ; le deuxième, une température un peu moins froide que le premier ; le troisième, une
température un peu moins froide que le deuxième; et
ainsi de suite, jusqu'aux derniers échelons, qui indiquent
des températures se rapprochant de la chaleur de l'eau
bouillante.

Comme il peut y avoir aussi des températures encore
plus froides que la glace fondante, et que, dans ce cas, le
mercure du thermomètre descend encore plus bas que le
zéro de l'échelle, c'est-à-dire que le pied de l'échelle, on
fait descendre, à partir de ce zéro, une autre petite échelle
dont chaque échelon ou degré est numéroté 1, 2, 3, 4,
5, etc., en allant de haut en bas, tandis que les autres
échelons, depuis le zéro de la glace fondante jusqu'au
100° de l'ébullition de l'eau, sont numérotés 1, 2, 3, 4,
5, etc., en allant de bas en haut.

Tel est le thermomètre *centigrade*, ainsi nommé parce
qu'il a *cent degrés*, depuis la glace fondante jusqu'à l'ébul-

lition de l'eau. Un physicien célèbre, nommé Réaumur, a fait un thermomètre dont on s'est servi avant d'avoir le thermomètre centigrade ; au lieu d'avoir mis 100 degrés à son échelle, Réaumur n'en a mis que 80, depuis la glace fondante jusqu'à l'ébullition de l'eau. Les degrés de Réaumur sont donc un peu plus grands que les degrés du thermomètre centigrade ; c'est d'ailleurs toute la différence qu'il y a entre le *thermomètre de Réaumur* et le *thermomètre centigrade.*

Vous verrez aussi des thermomètres qui ont deux échelles dessinées sur la même planchette ; d'un côté du tube se trouve l'échelle centigrade, et de l'autre côté l'échelle Réaumur. Vous saurez donc maintenant ce que cela veut dire.

MARG. — Qu'est-ce que ces thermomètres dans lesquels il y a quelque chose de rouge ?

Mlle L. — Ce liquide rouge que vous voyez, c'est de l'alcool ou esprit de vin, qu'on a mis dans le tube au lieu d'y mettre du mercure, et l'on a coloré cet alcool en rouge pour mieux le distinguer dans le tube. L'alcool gèle moins vite que le mercure, et il peut servir à mesurer des températures plus froides ; mais il bout plus vite que le mercure, et ne peut pas mesurer des températures aussi chaudes, parce que dès qu'un liquide bout, il se transforme en vapeur. Il y a bien encore d'autres thermomètres ; mais je crois vous en avoir dit assez sur ce sujet, parce qu'ils sont tous fondés sur ce même principe : la dilatation des corps par la chaleur ; et puisque notre eau bout, faisons notre thé et prenons-le.

MARG. — Mademoiselle, voudriez-vous nous dire pourquoi l'eau bouillait plus vite dans la vieille bouilloire que dans celle-ci, qui est neuve et brillante.

Mlle L. — Parce qu'il y a des corps *bons conducteurs*

de la chaleur et des corps *mauvais conducteurs* de la chaleur, comme il y a des corps *bons conducteurs* et des corps *mauvais conducteurs* de l'électricité[1]. Prenez, par exemple, une cuiller de métal, entrez-la à demi dans cette eau qui maintenant est bouillante, en continuant d'en tenir l'autre bout avec la main; en très-peu de temps, la cuiller sera si chaude que vous ne pourrez plus la tenir sans vous brûler, parce que les métaux sont de très-bons conducteurs de la chaleur, et que celle-ci les pénètre vite en tous sens. Prenez ensuite une cuiller de bois, entrez-la aussi à demi dans cette même eau bouillante; vous tiendrez ainsi votre cuiller aussi longtemps que vous voudrez sans vous brûler, parce que le bois est un mauvais conducteur de la chaleur. Les couleurs noires, foncées, et les surfaces rugueuses, bossuées, comme celles de votre vieille bouilloire, laissent mieux passer la chaleur que les couleurs claires et les surfaces polies et brillantes; voilà pourquoi la chaleur du feu passe moins vite à travers cette jolie bouilloire neuve, et pourquoi l'eau y met plus de temps à chauffer. Mais si les surfaces polies et brillantes *absorbent* moins vite la chaleur, c'est-à-dire si elles s'échauffent moins facilement, une fois qu'elles ont acquis cette chaleur, elles la conservent plus longtemps; ainsi l'eau mettra plus de temps à chauffer dans cette bouilloire brillante, mais elle y restera chaude plus longtemps. Par la même raison, les poêles blancs en faïence laissent passer moins de chaleur et sont plus longs à chauffer que les poêles noirs de fonte; mais les premiers conservent encore quelque temps leur chaleur quand le feu est éteint, tandis que les poêles de fonte se refroidissent aussi rapidement qu'ils ont été chauffés.

1. Voir le chapitre des *Paratonnerres*, page 177.

Tous les corps mauvais conducteurs de la chaleur peuvent être employés à préserver du chaud ou du froid, selon le besoin. Par exemple, si les doubles portes et les doubles fenêtres rendent les appartements plus chauds, c'est parce que l'air est un mauvais conducteur de la chaleur, et que cet air qui se trouve entre les doubles portes et les doubles fenêtres empêche la chaleur de la chambre de s'en aller, en même temps qu'il empêche le froid du dehors de pénétrer dans la chambre. Si les laines, les fourrures, les ouates et les édredons nous protégent contre le froid, c'est que ces corps, renfermant de l'air entre leurs filaments, sont de mauvais conducteurs de la chaleur, et ne laissent pas passer à travers eux la chaleur de notre corps. Si, pour empêcher la glace de fondre, quand on la transporte l'été, on enveloppe cette glace dans de la laine ou dans de la paille, c'est parce que la laine et la paille étant de mauvais conducteurs de la chaleur, empêchent la chaleur de l'atmosphère de pénétrer jusqu'à la glace.

Un physicien nommé Rumford fit, dit-on, une expérience que vous pourrez faire vous-mêmes, si bon vous semble. Il ensevelit un fromage à la glace dans des blancs d'œufs en neige, et les blancs d'œufs au milieu d'une crème à la vanille, puis il mit son plat au four. Pour faire cette neige d'œufs, vous savez qu'il faut beaucoup battre les blancs? En les battant, on y fait peu à peu pénétrer de petites bulles d'air, et ce sont ces bulles d'air qui, dans les blancs d'œufs, produisent l'effet de neige que vous connaissez. Rumfort laissa quelque temps son plat au four, et quand il le retira, la crème était cuite, mais le fromage était encore un peu glacé. L'air qui se trouvait dans la neige d'œufs avait préservé le fromage de la chaleur. (Il n'aurait cependant pas fallu le laisser trop longtemps au four.)

Marg. — Surtout si le four était bien chaud.

Mlle L. — Il n'y a pas que le feu qui donne de la chaleur.

Jacques. — Comment, il n'y a pas que le feu?

Marg. — Il y a le soleil.

Mlle L. — Sans doute; le soleil est la première source de chaleur; mais il y en a encore d'autres.

Jacques. — Quoi donc?

Mlle L. — Quand un corps passe de l'état solide à l'état liquide, ou de l'état liquide à l'état gazeux, ce changement produit de la chaleur; tandis qu'au contraire, quand un corps passe de l'état gazeux à l'état liquide, ou de l'état liquide à l'état solide, ce changement, inverse de l'autre, produit un refroidissement du corps.

La *percussion*, c'est-à-dire l'action de frapper un corps sur un autre corps, donne aussi de la chaleur; par exemple, lorsqu'on frappe avec un marteau sur du fer, le fer s'échauffe.

Le *mouvement*, le *frottement*, le *choc* produisent également de la chaleur, et souvent de la lumière; ainsi les bolides s'échauffent et s'enflamment en traversant l'atmosphère avec une rapidité excessive [1]; les roues des locomotives s'échauffent en tournant; et les fers des chevaux, en se heurtant contre les pavés, font jaillir des étincelles.

L'électricité, comme nous l'avons vu [2], produit aussi de la lumière accompagnée de chaleur [3]; enfin les *combinaisons chimiques*, comme nous l'avons vu aussi [4], produisent

---

1. Voir le chapitre intitulé : *Minéraux. — Aérolithes*, page 100.

2. Voir le chapitre intitulé : *Électricité et Aimantation*, page 106.

3. C'est pour cela qu'on croit que la lumière, la chaleur et l'électricité sont des manifestations diverses d'un même agent.

4. Voir le chapitre intitulé : *Combinaisons chimiques, composition de l'eau*, page 40.

également de la lumière, de la chaleur et de l'électricité. Le feu, d'ailleurs, n'est pas autre chose qu'une combinaison chimique.

MARG. — Comment le feu est-il une combinaison chimique?

Mlle L. — Le feu n'est que la combinaison de l'oxygène de l'air avec le corps qui brûle, que ce soit du charbon, du bois, de l'huile, de la bougie ou tout autre corps. Cette combinaison, tant qu'elle dure, produit de la chaleur et de la lumière ; quand le corps est consumé, ou quand il n'y a plus d'oxygène dans l'air, la combinaison cessant, le feu s'éteint.

CHAPITRE XLI

Chaleur.

(*Suite.*)

HYGROMÉTRIE.

Cordes d'instruments qui se cassent. — Boiseries qui craquent. — Point de saturation. — Hygroscopes. — Brouillards. — Pluie. — Neige. — Grésil. — Givre. — Serein.

JACQUES. — Mademoiselle, je viens d'avoir une peur, mais une peur !

Mlle LAURENCE. — Que vous est-il donc arrivé?

JACQUES. — Vous savez la chambre tout en haut de la vieille maison? Cette chambre qu'on n'habite pas depuis des années...

Mlle L. — Eh bien, quoi? Vous y êtes allé, puisqu'il faut que vous couriez partout depuis deux jours que nous sommes ici.

JACQUES. — Oui, Mademoiselle, j'y suis allé, mais je vous assure que j'ai eu peur !

Mlle L. — Qu'avez-vous donc vu ?

JACQUES. — Je n'ai rien vu, mais...

MARGUERITE. — Mais, parle donc.

JACQUES. — Mais, j'ai entendu...

MARG. — Qu'as-tu entendu ?

JACQUES. — C'est extraordinaire !

MARG. — Mais, dis-le donc. Qu'as-tu entendu ?

JACQUES. — Dans cette chambre, il y a toutes sortes d'instruments de musique.

MARG. — Oui, c'est vrai. On dit que mon grand-père était très-musicien, et qu'il s'enfermait dans cette chambre-là pour jouer des heures entières sur toutes sortes d'instruments.

JACQUES. — Eh bien ! ma chère, je l'ai entendu !

MARG. — Tu l'as entendu ?

JACQUES. — Oui. J'ai d'abord entendu des craquements dans une espèce de vieux piano que maman appelle un clavecin ; et puis, tout à coup un grand son de musique s'est fait entendre, comme si quelqu'un cassait des cordes en les touchant. J'ai eu si peur que je me suis sauvé, et me voici.

MARG. — C'est effrayant, n'est-ce pas, Mademoiselle ? On ne peut pas expliquer cela comme les feux follets.

Mlle L. — Ces bruits, ces sons ne sont pas plus difficiles à expliquer que les feux follets ; quoiqu'ils ne proviennent pas des mêmes causes, il n'y a pas plus de raison d'en avoir peur.

JACQUES. — Alors, vous ne croyez pas que c'est quelqu'un qui touchait ces cordes et les cassait ?

Mlle L. — Puisque vous n'avez vu personne.

JACQUES. — Mais alors...

Marg. — Laisse donc Mademoiselle nous dire pourquoi; nous ne le saurons jamais si tu interromps toujours. Expliquez-nous cela, voulez-vous, Mademoiselle ?

Mlle L. — Si je veux vous le faire comprendre, il faut que je commence par vous faire savoir ce que c'est qu'un gaz ou un liquide à l'état de saturation.

Supposons que vous fassiez un verre d'eau sucrée; ou plutôt, ne supposons rien et faisons-le. Je mets beaucoup de sucre dedans, comme font quelquefois les enfants gourmands : quatre énormes morceaux. Maintenant, je puis attendre, jamais mon sucre ne fondra entièrement, parce que j'en ai trop mis; si je veux que cette même quantité de sucre fonde dans cette même quantité d'eau, il faut que je fasse chauffer l'eau, sinon une partie du sucre restera non fondue au fond du verre.

Quand une certaine quantité d'eau contient du sucre fondu autant qu'elle en peut fondre, cette eau est ce qu'on appelle *saturée* de sucre, ou encore, elle est à son *point de saturation*. Ce point de saturation varie, puisque, selon que l'eau est plus ou moins chaude, elle peut contenir du sucre dissous, c'est-à-dire du sucre fondu, en plus ou en moins grande quantité. De même, selon qu'il est plus ou moins chaud, l'air peut contenir plus ou moins d'eau à l'état de vapeur; et quand il en contient tout ce qu'il peut, pour la chaleur qu'il possède, on dit que cet air est *saturé de vapeur*, ou encore, qu'il est est à son *point de saturation*.

Lorsque l'air d'un lieu est saturé de vapeur, cette vapeur pénètre plus ou moins dans les corps qui s'y trouvent. Par exemple, elle entre dans le sel qu'elle mouille comme si on avait plongé ce sel dans l'eau; elle entre dans les meubles et autres boiseries, qu'elle gonfle et tiraille, de manière à produire dans ces boiseries des craquements, et à disjoindre des morceaux qui étaient joints; elle entre dans les cordes de chanvre, qu'elle tord et raccourcit, tandis qu'elle détord et allonge les cordes à boyau des instruments de musique. Puis, quand l'air, devenant plus chaud, devient en même temps plus sec, cette vapeur sort des corps dans lesquels elle était entrée, et elle produit, en s'en allant, les effets inverses de ceux qu'elle avait produits en venant. Ce sont alors les cordes de chanvre qu'elle détord et allonge, tandis que ce sont les cordes à boyau qu'elle tord et raccourcit. En allongeant et en raccourcissant inégalement les cordes à boyau, elle *désaccorde*, comme on dit, les instruments de musique; parfois elle casse ces cordes devenues trop courtes et par conséquent trop tendues.

Ainsi, des cordes silencieuses pendant des années peuvent se mettre à vibrer en se cassant, comme celles que vous venez d'entendre; mais il n'y a là rien de bien effrayant, comme vous voyez, puisque c'est seulement un peu de vapeur qui s'introduit dans les cordes, ou qui les quitte. J'ai souvent pensé que, si l'on pouvait tout savoir et faire toujours tout ce qu'on doit, on ne connaîtrait pas ce sentiment de la peur. En effet, à mesure que nous apprenons, nous nous débarrassons de folles superstitions, et la satisfaction de bien faire est une de nos plus grandes forces.

Mais pour revenir aux cordes dont nous parlions à l'instant, comme elles se tordent ou se détordent suivant la quantité de vapeur qu'il y a dans l'air, on s'en sert pour faire des appareils destinés à indiquer cette quantité de vapeur.

MARG. — Quels sont ces appareils?

Mlle L. — On les appelle des *hygroscopes*, de deux mots grecs : *hugros*, qui veut dire *humide*, et *scopéin*, qui signifie *regarder*. Je ne vous parlerai que de l'un d'eux, parce que c'est probablement celui que vous verrez, si vous ne l'avez déjà vu *(fig. 65)*. On le réunit souvent à un petit thermomètre, afin d'avoir en même temps l'indication de l'humidité et celle de la chaleur. Il représente un capucin

qui met son capuchon sur sa tête lorsque l'air est chargé de vapeur, et qu'il y a par conséquent beaucoup de probabilités pour qu'il pleuve. Mais quand l'air est sec et que, par conséquent, il fait beau, Monsieur le capucin renverse son capuchon sur son dos.

JACQUES. — Comment cela se fait-il ?

Mlle L. — Le capuchon est en carton, et pour venir recouvrir la tête du capucin, comme pour être rejeté en arrière, il n'a besoin que

(Fig. 65.)

d'un petit mouvement demi-circulaire, près du cou, où il est attaché. A ce point d'attache est fixée l'extrémité d'une corde à boyau, laquelle est entrée dans un petit tube de fer-blanc qui la maintient dans une direction horizontale. Quand le temps est humide, la corde, en se détordant, tourne dans le tube, et en tournant ainsi elle amène le capuchon sur la tête du capucin. Le temps devient-il sec, la corde se tord ; en se tordant, elle tourne encore dans le petit tube, mais dans le sens inverse que quand elle se détord, et ce mouvement fait alors tomber le capuchon en arrière, sur le dos du capucin.

MARG. — Alors, quand le capucin a son capuchon sur

la tête, il fait bon de rester chez soi, parce qu'il pleut ou qu'il va pleuvoir.

JACQUES. — Qu'est-ce qui fait la pluie ?

Mlle L. — Lorsqu'en un lieu, l'atmosphère se trouve *saturée de vapeur*, si un courant d'air froid vient à passer dans ce lieu, la vapeur s'y condense et fait du brouillard ou de la pluie qui tombe sur la terre ; de même que du sucre qui, étant dissous dans de l'eau chaude en aussi grande quantité que cette eau pouvait en dissoudre, se dépose au fond du verre, quand cette eau se refroidit. C'est du brouillard qui se forme, lorsque ce sont les couches d'air les plus voisines de la terre qui se refroidissent, et c'est de la pluie, lorsque ce sont des couches d'air plus élevées dans l'atmosphère.

MARG. — Et la neige, qu'est-ce qui la fait ?

Mlle L. — On croit que la neige se forme par le passage brusque de la vapeur à l'état *solide* ; c'est alors un froid très-rigoureux qui la produit, tandis qu'un froid moins grand suffit pour faire passer la vapeur des nuages à l'état *liquide*, c'est-à-dire en pluie.

MARG. — Et le grésil ?

Mlle L. — Le grésil se compose de petites pelotes de glace encore plus compactes, plus serrées que dans la neige ; on croit qu'il est produit par une congélation, c'est-à-dire un rapprochement très-grand et très-brusque des molécules de la vapeur dans les nuages, lesquelles sont ainsi congelées par un courant d'air très-froid et animé d'une extrême vitesse.

MARG. — Et le givre ?

Mlle L. — Le givre est produit par un brouillard épais qui, formé pendant la nuit, se condense par le froid du matin et se convertit en petites aiguilles de glace qui recouvrent tous les corps froids. On préserve les plantes de ses effets funestes, en les couvrant d'une toile, ou de paille, ou de jonc, enfin d'un abri quelconque.

Je veux aussi vous parler du *serein*, qui est cette pluie très-fine qui tombe quelquefois après le coucher du soleil, pendant l'été, quand le ciel est sans nuages. Dès que le soleil se couche, l'air change assez brusquement de température et devient frais ; il peut donc arriver que cet air ne puisse plus contenir à l'état gazeux toute la vapeur qu'il renfermait avant son refroidissement, et par conséquent, qu'une partie de cet air se condense brusquement en forme de gouttelettes.

On appelle *hygrométrie* toute cette partie de la physique qui s'occupe des phénomènes produits par la vapeur dans l'atmosphère.

CHAPITRE XLII

Chaleur et Lumière.

UN RAYON DE SOLEIL.

Rayonnement de la chaleur et de la lumière. — Hypothèse des ondulations. — Réflexion de la chaleur et de la lumière. — Lune rousse. — Rosée. — Spectre solaire. — Arc-en-ciel. — Couleurs. — Courants de l'atmosphère et des océans. — Végétation.

MARGUERITE. — Jacques, ferme les volets, je te prie ; le soleil nous grille et nous aveugle.

JACQUES. — Est-ce bien, maintenant ?

MARG. — Non, j'ai encore un rayon de soleil dans les yeux.

JACQUES. — Alors, ma chère, change de place, car il

est impossible autrement de te satisfaire ; c'est par un trou du volet que ce soleil entre dans la chambre.

Mlle LAURENCE. — Regardez comme ce rayon est brillant, lumineux, et comme partout où il passe on aperçoit flotter une poussière légère. Cette poussière est formée de corps extrêmement ténus, c'est-à-dire extrêmement petits, parmi lesquels se trouvent probablement, comme dans l'eau, des quantités d'animalcules, c'est-à-dire de bêtes extrêmement petites.

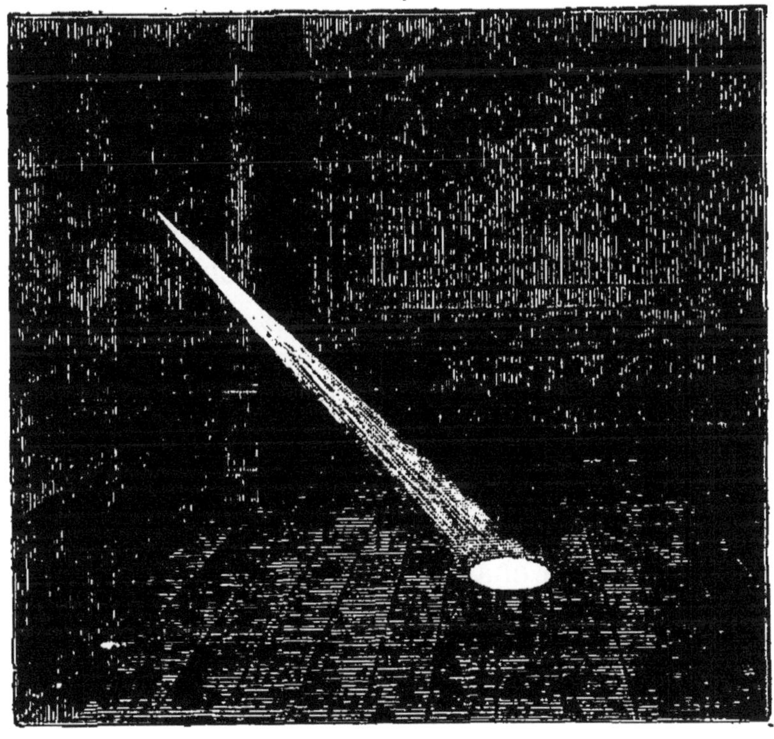

(Fig. 66.)

Voyez aussi comme ce rayon de soleil est droit en traversant la chambre ; on le dirait tiré au cordeau (*fig*. 66). Ainsi le soleil, de tous les points de sa surface, envoie en droite ligne ses rayons chauds et lumineux ; il en est de même de tous les corps qui sont chauds et lumineux; ils envoient de tous les points de leur surface des *rayons* de chaleur et de lumière. Les corps qui sont chauds sans être lumineux envoient autour d'eux des rayons de chaleur. C'est parce qu'il en est ainsi que la lampe nous éclaire, que le feu nous chauffe, qu'un boulet rougi au feu envoie de sa chaleur tout autour de lui, jusqu'à ce qu'il ne soit pas lui-même plus chaud que le lieu dans lequel il est placé. C'est ce qui fait dire que tous ces corps *rayonnent*; et l'on donne à cette propriété le nom de *pouvoir rayonnant* ou *émissif* de la chaleur et de la lumière. Si la terre se refroidit pendant la nuit, c'est qu'elle perd, en rayonnant dans l'atmosphère, la chaleur que le soleil, en rayonnant aussi, avait fait pénétrer en elle pendant le jour; enfin, c'est à cause de tous ces rayonnements que les corps chauds se refroidissent, et que les corps froids s'échauffent quand ils sont en présence les uns des autres. Plus on s'approche des corps chauds et lumineux ou simplement chauds, plus leurs rayons sont ardents, intenses; plus on s'en éloigne, plus ces rayons sont faibles.

On croit que les corps chauds et lumineux, ou simplement chauds, rayonnent en produisant tout autour d'eux des ondes de chaleur et de lumière, comme les corps en vibration produisent des ondes sonores, comme une pierre jetée dans l'eau produit des ondes liquides [1]. C'est Newton, un grand savant, qui a donné cette idée des ondulations de la lumière et de la chaleur; c'est ce qu'on appelle l'*hypothèse des ondulations* de Newton [2]: le mot *hypothèse* signifie *supposition*.

1. Voir au premier chapitre de l'*Acoustique, propagation du son*, p. 158.
2. C'est aussi Newton qui a découvert les lois de la *Gravitation universelle*, dont il a été parlé page 94.

MARG. — Puisque nous sommes plus près de la lune que du soleil, comment se fait-il que la lune ne nous éclaire pas et ne nous chauffe pas plus que le soleil?

Mlle L. — D'abord la lune est, comme vous savez, beaucoup plus petite que le soleil; mais ce n'est pas là la cause de la pâleur de ses rayons; la lune, ainsi que je vous l'ai déjà dit[1], n'est ni chaude, ni lumineuse par elle-même; ce sont les rayons du soleil qu'elle nous renvoie, comme un écho renvoie le son, comme un rocher renvoie une onde liquide[2], comme un mur renvoie une balle élastique. Cette chaleur et cette lumière, qui reviennent sur elles-mêmes après s'être heurtées contre un corps, forment ce qu'on appelle de la *chaleur réfléchie* et de la *lumière réfléchie*. La lune ne nous envoie que la *lumière réfléchie* du soleil; voilà pourquoi ses rayons sont beaucoup plus faibles que les rayons qui nous arrivent directement du soleil. Quand vous mettez une lampe devant un miroir, cette lampe vous envoie des *rayons directs*, tandis que le miroir vous envoie des *rayons réfléchis*.

Les surfaces polies et les nuances claires réfléchissent très-bien la chaleur et la lumière, tandis que les surfaces rugueuses et les nuances foncées *absorbent* cette chaleur et cette lumière, c'est-à-dire qu'elles la laissent passer à travers elles. Voilà pourquoi, en été, les vêtements blancs sont plus frais que les vêtements noirs[3]; voilà aussi pourquoi les appartements tapissés de papiers blancs sont beaucoup plus éclairés que les appartements tapissés de papiers sombres; par la même raison, les murailles blan-

1. Voir le chapitre sur la *Lune*, page 84.
2. Voir le second chapitre de l'*Acoustique*, sur les *échos*, page 164.
3. Les vêtements blancs sont aussi plus chauds en hiver, parce qu'ils conservent mieux la chaleur du corps.

ches nous fatiguent souvent les yeux pendant l'été, tant elles réfléchissent la lumière du soleil.

A propos du *rayonnement* de la chaleur et de la *réflexion* de la chaleur ou chaleur *réfléchie*, il faut que je vous dise un mot de la *lune rousse*, dont vous avez probablement entendu parler.

JACQUES. — Oui, Mademoiselle, les paysans disent que cette lune roussit les plantes en les faisant geler. Est-ce vrai?

Mlle L. — Les paysans appellent *lune rousse* la lune qui brille en avril et en mai; c'est bien la même lune que celle qu'on voit toute l'année, comme vous pouvez le penser, puisqu'il n'y a qu'une lune qui tourne autour de la terre; et si, aux mois d'avril et de mai, on lui donne ce nom, c'est parce qu'à cette époque, où les nuits sont froides, et où les jeunes plantes commencent à pousser, ces jeunes plantes se trouvent quelquefois flétries, gelées par le froid de la nuit; elles prennent alors une couleur brune, et l'on dit qu'elles ont été roussies ou brûlées par la lune. Mais on accuse bien à tort cette pauvre lune, qui n'est pour rien dans ce malheur; toute la faute en est au *rayonnement* de la terre. Lorsque, la nuit, le ciel est sans nuages, la terre envoie si loin dans l'atmosphère ses rayons de chaleur, qu'elle se refroidit considérablement, et devient si froide, que quelquefois les plantes printanières en souffrent et en meurent. Quand il y a des nuages dans l'atmosphère, ces nuages réfléchissent la chaleur de la terre, c'est-à-dire lui renvoient ses rayons de chaleur et garantissent ainsi les plantes d'un trop grand rayonnement, par conséquent d'un trop grand froid. Les nuages, au-dessus de ces jeunes plantes, produisent l'effet de la serviette qu'on met à table sur les marrons pour les empêcher de refroidir. Comme vous voyez, la lune est parfaitement innocente de ce mal fait aux plantes, et l'ignorance seule a pu donner lieu à cette croyance à une méchante lune rousse.

La *rosée* que nous trouvons le matin sur les plantes et sur l'herbe, est encore produite par le rayonnement de la terre pendant la nuit ; ce rayonnement refroidit tous les corps qui sont à la surface de la terre, et les rend plus froids que la vapeur de l'air ; alors cette vapeur, venant à toucher ces corps, se refroidit elle-même, se condense et se dépose sur eux en rosée ; puis le soleil paraît, et sous l'influence de sa chaleur, la rosée s'évapore.

Mais revenons à notre rayon de soleil, que je ne veux pas laisser partir sans lui faire faire un petit arc-en-ciel.

JACQUES. — Un arc-en-ciel !

Mlle L. — Donnez-moi une carafe pleine d'eau ; vous allez voir.

JACQUES. — Voici la carafe.

Mlle L. — Regardez. Je la mets au milieu du rayon de soleil ; ne voyez-vous pas dans l'eau comme un petit ruban de plusieurs couleurs ?

JACQUES. — C'est vrai ; comment cela se fait-il ?

Mlle L. — Si vous avez une étoffe blanche et noire, et si vous agitez vivement cette étoffe, de manière à ne plus pouvoir en distinguer le dessin, vous ne voyez plus alors ni blanc ni noir, mais toute l'étoffe vous semble grise ; donc, le blanc et le noir mêlés ensemble forment la couleur grise. De même, plusieurs couleurs dont je vous parlerai tout à l'heure, étroitement unies dans un rayon de soleil, forment dans ce rayon la couleur blanche ou dorée du soleil.

Quand on fait passer un rayon de soleil dans un prisme de verre...

JACQUES. — Qu'est-ce qu'un prisme ?

Mlle **L.** — C'est un solide d'une forme particulière. Pre
nez un livre, ouvrez-le à demi, et, ainsi à demi ouvert,
posez-le sur une table, de façon que le dos du livre se
trouve en l'air, et les deux bords de la couverture s'ap-
puient sur la table ; l'espace compris entre la table et les
deux côtés de la couverture du livre vous donne la forme
d'un *prisme* (*fig.* 67).

(Fig. 67.)

Quand on a un morceau de verre de cette forme **P**,
si l'on fait passer au travers un rayon de soleil **S**, et
si l'on met de l'autre côté du prisme un écran **E** qui
reçoit ce rayon, celui-ci, après avoir passé par le prisme,
se trouve décomposé, divisé en sept rayons de diverses
couleurs, que l'on remarque sur l'écran, dans l'ordre
suivant : violet, **V**, indigo, **I**, bleu, **B**, vert, **V**, jaune, **J**,
orangé, **O**, et rouge, **R** (*fig.* 67). Ce sont ces mêmes couleurs que nous voyons, quoique un peu moins distinc-

tement, dans l'eau de cette carafe; ce sont ces mêmes couleurs que nous voyons aussi dans l'arc-en-ciel; car il faut que vous sachiez que ces beaux arcs-en-ciel que vous admirez après la pluie, ne sont autres que des rayons de soleil décomposés par des gouttes d'eau dans les nuages. On donne le nom de *spectre solaire* à l'image de ces sept couleurs, dont la réunion forme la lumière blanche ou dorée du soleil.

La lumière se décompose donc en passant de l'air dans l'eau, ou de l'air dans le verre, ou de l'air dans tout autre corps, gaz, liquide ou solide; c'est cette décomposition qui produit les couleurs des corps. Voici comment : chacun de ces rayons décomposés (violet, indigo, bleu, vert, jaune, orangé et rouge) ne pénètre pas de même dans tous les corps; tandis que quelques rayons pénètrent plus ou moins profondément dans un même corps, un ou plusieurs autres rayons sont réfléchis à sa surface, et ce sont ces rayons réfléchis qui donnent aux corps les couleurs que nous leur voyons. Ainsi, un corps rouge est celui qui réfléchit en plus grande proportion les rayons rouges; un corps jaune est celui qui réfléchit en plus grande proportion les rayons jaunes; un corps noir est celui qui absorbe tous les rayons sans en réfléchir aucun; un corps blanc est celui qui les réfléchit tous.

Toutes les sources de lumière n'étant pas exactement composées des mêmes rayons, il arrive qu'un même corps peut paraître tantôt d'une couleur, tantôt d'une autre, suivant la lumière dont il est éclairé. Par exemple, un corps, vert à la lumière du jour, paraît bleu à la lumière d'une lampe; un paysage au clair de lune a des teintes bien différentes d'un paysage doré par le soleil.

Quand des corps sont transparents, ils présentent encore des couleurs différentes, suivant qu'on les regarde

ou qu'on ne les regarde pas par transparence. Par exemple, certains liquides qui sont bruns devant la lumière,
paraissent roses lorsqu'on les place entre la lumière et
soi. Selon aussi la profondeur de leur masse, et selon la
manière plus ou moins inclinée dont la lumière rencontre
les corps à leur surface, ces corps présentent des aspects
différents. C'est ainsi que l'eau cristalline du ruisseau
devient bleue dans la rivière, et que l'eau bleue prise
dans la rivière, n'a plus de couleur dans le verre où nous
la buvons. C'est ainsi que les vagues bleues ou vertes de
la mer ont parfois des reflets d'un jaune d'or, quand les
rayons du soleil tombent perpendiculairement [1] sur elles.

Dans une île de la Méditerranée, l'île de Capri, près de
Naples, il est une grotte qu'on appelle la *Grotte d'Azur*,
parce qu'elle est illuminée d'une douce lumière bleue. On
croirait, en y entrant, qu'on pénètre dans un de ces lieux
enchantés dont parlent les contes de fées. Tout paraît
bleu dans cette grotte, et voici pourquoi : tandis que les
autres rayons du spectre solaire sont plus ou moins absor-
bés par les eaux de la mer, les rayons bleus sont réfléchis
à sa surface et pénètrent dans la grotte par une ouverture
surbaissée, qui ne laisse passer qu'une faible quantité de
la lumière directe du soleil.

Voyez, mes enfants, quelle influence immense a le
soleil sur tout ce qui nous entoure : c'est à sa lumière que
toutes les choses que nous voyons doivent leur parure de
diverses couleurs. C'est à l'apparition et à la disparition
de la chaleur du soleil que sont dus, dans l'atmosphère,
ces grands mouvements que l'on nomme les vents, et
ces mouvements plus faibles qu'on appelle les brises [2].

1. *Perpendiculairement*, c'est-à-dire sans être incliné ni d'un côté ni
de l'autre.
2. Voir le chapitre des *Vents*, page 57.

C'est cette apparition et cette disparition qui causent dans les océans les mêmes mouvements que dans l'atmosphère, c'est-à-dire de grands courants d'eau chaude se dirigeant de l'équateur vers les pôles. C'est encore cette apparition et cette disparition qui produisent l'arrosement du globe, c'est-à-dire cette circulation incessante des eaux de la terre s'élevant en vapeur dans l'atmosphère, et redescendant de l'atmosphère sur la terre en brouillards, pluie ou neige [1].

Enfin, le soleil exerce encore sa puissance sur tout ce qui respire : c'est lui qui donne aux enfants des campagnes leurs belles joues roses et leur santé robuste, tandis que les prisonniers, les mineurs et les ouvriers qui travaillent dans des caves sentent chaque jour leurs forces s'amoindrir; les pôles, qui ne voient presque pas le soleil, ne connaissent pas les verts feuillages, ni même les bancs de mousse, tandis qu'à l'équateur, la végétation s'élance vigoureuse et prodigue, couvrant la terre de ses dômes de verdure et de ses pluies de fleurs. Les forêts gigantesques, grandies sous l'action du soleil, et se succédant les unes aux autres, s'ensevelissent dans la terre, à mesure qu'elles laissent leur place à des forêts nouvelles; et après des centaines de siècles, il peut arriver qu'on les en retire sous forme de houille ou charbon de terre, ce charbon qui nous chauffe et qui transforme l'eau en vapeur, puis en mouvement [2].

Et si l'on réfléchit que le soleil est indispensable à la vie des plantes, et que les plantes sont indispensables à la vie des animaux, on voit clairement que le soleil est indispensable à toute existence sur la terre.

1. Voir le chapitre de l'*Arrosement du Globe*, page 118; et celui de l'*Hygrométrie*, page 210.

2. Voir le chapitre de la *Chaleur*, page 195.

CONCLUSIONS

MARGUERITE. — Ma chère Mademoiselle Laurence, je ne puis me faire à l'idée que vous allez partir; depuis que je le sais, j'en ai le cœur si gros que je ne puis plus m'intéresser à rien.

JACQUES. — Qui nous répondra maintenant quand nous voudrons savoir pourquoi telle chose est comme ceci ou comme cela? Nous finirons même par oublier ce que vous nous avez appris.

Mⁱˡᵉ LAURENCE. — Mes enfants, j'aime à croire qu'il en sera autrement. Je n'ai fait que vous faire entrer le petit bout du nez, si je puis parler ainsi, dans des sciences fort attachantes et fort utiles, afin de vous donner l'envie de les connaître mieux. Maintenant, vous allez avoir un an de plus que quand je suis venue auprès de vous; à votre âge, et avec les explications que je vous ai données, on peut comprendre les livres qui expliquent ces sciences; car vous êtes déjà initiés à quelques noms, et vous connaissez les causes des principaux phénomènes de la nature.

JACQUES. — Dans quels livres trouve-t-on toutes ces choses?

Mⁱˡᵉ L. — Dans les livres de *physique*, mot qui veut dire *nature*, vous trouverez toutes les découvertes et les observations qui ont été faites sur la constitution des corps, sur leurs mouvements, sur les phénomènes de l'atmosphère, de l'électricité, de la chaleur et de la lumière.

Dans les livres de *cosmographie* ou *étude du monde*, vous trouverez l'explication du jour et de la nuit, des saisons, des phases de la lune, des marées, des éclipses, etc., en un mot, de tous les rapports connus de la terre avec les autres astres.

Mais vous voyez que ces deux sciences s'enchaînent tellement, qu'il est impossible de comprendre l'une sans connaître un peu de l'autre ; par exemple, vous n'auriez pas pu comprendre les vents, phénomène de l'atmosphère, si je ne vous avais pas fait connaître le mouvement de la terre autour du soleil ; et de même je n'aurais pas pu vous parler de la gravitation universelle, si je ne vous avais pas, auparavant, fait connaître la force centrifuge et la pesanteur. Il n'y a pas que ces deux sciences qui s'expliquent ainsi l'une par l'autre ; vous avez vu que j'ai été obligée de vous faire faire une petite connaissance avec la *chimie*, dans notre entretien sur les *combinaisons chimiques*, afin de vous faire comprendre quelques phénomènes de l'atmosphère, de l'électricité et de la chaleur, comme, par exemple, le rôle de l'atmosphère dans la respiration animale et la respiration végétale, l'asphyxie, la décomposition et la recomposition des corps par un courant électrique, le feu, qui n'est lui-même qu'une combinaison chimique, etc.

Beaucoup d'autres sciences se rattachent encore à la physique et à la cosmographie ; elles sont toutes très-intéressantes, très-utiles, et nous devons bien de la reconnaissance à tous ceux qui s'en sont occupés avant nous, pour nous léguer leurs découvertes. Voyez donc combien la science amène peu à peu de bien-être dans la vie : ce sont les sources qu'on fait jaillir de la terre où on ne soupçonnait même pas d'eau ; c'est la vapeur qu'on fait courir sur toutes les routes pour ses affaires et ses plaisirs; c'est le gaz hydrogène que l'on tire de la houille et auquel on demande de la lumière, quand la lumière du soleil s'est enfuie derrière l'horizon; c'est encore ce même gaz que l'on souffle dans les ballons et auquel on dit : Je n'ai point d'ailes, mais tu me porteras dans les airs; c'est la terrible foudre qu'on enchaîne dans les paratonnerres; c'est la foudre endormie qu'on réveille et qu'on fait courir comme messagère, d'une extrémité de la terre à l'autre, en moins d'une seconde. Voilà ce que donne la science, sans compter tout ce que je ne vous ai pas dit; ne vaut-elle pas qu'on s'en occupe?

Jacques. — Mais moi, je ne découvrirai jamais rien.

Mlle L. — Qui sait? Le hasard fait voir une chose, l'observation en fait découvrir une autre, celle-ci une autre, et ainsi de suite. Qui eût dit, lorsqu'on remarqua pour la première fois que la vapeur soulevait le couvercle d'une marmite ou le brisait, que cette vapeur courrait un jour par toute la terre, en portant sur son dos tous les voyageurs du monde? Qui eût dit à Guillaume Gilbert, quand il observait des petits fétus de paille et des petits morceaux de papier allant se coller contre du verre frotté ou de la cire à cacheter frottée, qui lui eût dit que dans ce jeu-là se trouvait le secret de la foudre et de la télégraphie électrique?

On peut observer sans rien inventer; mais on est intéressé à connaître tout ce qui a été observé et dont on peut profiter. D'ailleurs, on est curieux ou on ne l'est pas; si on ne l'est pas, on n'a qu'à se renfermer entre quatre murs, n'en point sortir, n'y rien voir, n'y rien faire, et y périr d'ennui; tout est dit. Mais si on est curieux, on veut voir, on veut savoir, et plus on apprend de choses, plus on y prend goût, plus on est heureux; car c'est un bonheur, je vous assure, d'avoir du goût à quelque chose, parce qu'alors on s'en occupe avec plaisir, et l'on trouve que le temps passe vite.

Jacques. — Mais on n'a pas besoin d'étudier pour s'occuper; on peut s'amuser.

Mlle L. — Si vous n'aviez pas autre chose à faire qu'à vous amuser du matin au soir, vous en seriez bien vite fatigué; vos jeux mêmes que vous aimez le mieux maintenant, ne vous causeraient plus aucun plaisir, vous en chercheriez d'autres; mais si vous n'aviez jamais rien appris, vous ne sauriez rien inventer, même pour jouer, et vous finiriez par vous ennuyer terriblement en cherchant à vous amuser.

Si vous travailliez sans cesse, vous vous fatigueriez aussi; si vous couriez toujours, vos membres ne pourraient bientôt plus vous porter, et si vous restiez toujours assis, vous vous lasseriez également. Il nous faut de la variété; une occupation repose d'une autre, et quand toutes sont bien équilibrées, elles nous font passer notre vie de la manière la plus agréable. Nous sommes comme un instrument dont toutes les cordes doivent vibrer, pour que quelques-unes ne se fatiguent point trop à être touchées seules, et pour avoir des harmonies complètes.

Marg. — Mais, Mademoiselle, je n'ai plus de goût à rien, tant je suis triste de vous voir partir.

Mlle L. — Je partage bien votre tristesse, ma chère enfant; mais il faut vous tenir en garde contre tout découragement, de quelque part qu'il vienne; ce sera une meilleure manière de m'aimer, si, plutôt que de ne plus rien faire parce que vous me regrettez, vous vous mettez au contraire en mon absence à développer votre intelligence, pour que je vous trouve plus charmante quand je vous reverrai, et que je vous en aime encore davantage. L'affection, voyez-vous, c'est le plus grand bien de ce monde ; mais quand on n'a rien à côté, si par un malheur ou par un autre, une affection sur laquelle on comptait le plus vient à manquer, on est extrêmement malheureux, et souvent on n'est plus bon à rien après un coup semblable. Il faut donc avoir des ressources en soi-même, ce qui d'ailleurs n'empêche pas d'aimer, et ces ressources-là, c'est l'étude, c'est le travail qui les donne. Quand on est enfant, en travaillant, on acquiert les moyens d'être utile plus tard ; puis, quand on est grand, pendant qu'on travaille, le temps passe sans qu'on s'en aperçoive, et l'on a la satisfaction d'être utile aux autres ainsi qu'à soi-même.

MARG. — Comment la physique et la cosmographie me seront-elles utiles pour les autres ou pour moi ?

Mlle L. — L'étude des grands phénomènes de la nature, en nous montrant les beautés, les harmonies dont nous sommes entourés, éveille en notre âme des admirations qui élargissent notre existence, et des curiosités qui nous entraînent dans de nouvelles connaissances et de nouvelles admirations. Toutes ces connaissances, en nous faisant meilleurs juges de ce qui se passe sous nos yeux, nous rendent plus forts, car elles nous débarrassent de folles superstitions et nous font éviter de véritables dangers. Par exemple, si nous voyions des feux follets près d'un marais ou d'un cimetière, nous ne serions pas transis de peur ; si nous nous trouvions dans un champ au moment d'un orage, nous ne nous mettrions pas à courir d'une manière affolée, car nous savons qu'en courant nous produisons des courants d'air plus capables d'attirer sur nous la foudre que de l'en éloigner ; nous irions encore moins nous réfugier sous un arbre dont la cime touche un nuage orageux, car nous savons que ce serait aller au-devant du danger ; quand nous serons seul dans une maison, nous ne nous effrayerons pas si nous entendons des meubles craquer ou des cordes sonores vibrer en se cassant ; au coin du feu, nous ne ferons jamais chauffer de la vapeur dans un vase fermé, ce qui pourrait causer de graves accidents ; et si le froid nous fait souffrir, nous saurons nous en préserver en nous entourant de mauvais conducteurs de la chaleur. Quand je dis nous saurons *nous* en préserver, je veux dire que nous voudrons aussi en préserver tous ceux que nous pourrons. Et, tenez, une manière bien simple de vous rendre utile aux autres dès à présent, avec le peu que vous savez, la voici : il y a beaucoup d'enfants plus jeunes que vous qui n'apprennent rien, qui ne savent rien et qui, s'ils continuent à vivre dans cet état, seront plus tard ignorants, superstitieux et surtout malheureux ; vous pourriez leur apprendre quelque chose, et ce serait vraiment beaucoup de bien que vous feriez. Presque toutes les jeunes filles en Amérique vont enseigner aux enfants quelque chose dans les écoles ; beaucoup le font aussi en Angleterre ; je ne vois pas pourquoi elles ne feraient pas aussi bien en France, au contraire. Si tout le monde s'intéressait au bonheur des autres, chacun serait plus utilement occupé, plus content de soi et plus heureux ; notre France redeviendrait la grande France, qu'elle ne sera plus, si chacun ne pense qu'à soi. Nous ne différons des animaux que par les connaissances que nous pouvons acquérir, et par le bien que nous pouvons faire avec toutes les forces de notre intelligence et de notre cœur ; développons donc ces forces par l'étude, par la réflexion, et par la pratique de la justice et du dévouement.

Tout ceci est bien grave, mes chers enfants ; mais vous deviendrez un jour de grandes personnes, et si l'on attendait jusqu'à ce moment pour vous parler sérieusement, vous risqueriez de ne jamais comprendre les choses sérieuses; il faut s'y habituer peu à peu, comme on s'habitue à tout ce qui est nécessaire; on n'y arrive pas tout d'un coup; mais, croyez-le bien, il n'y a rien au monde de plus laid, de plus sot et de plus malheureux que les grandes personnes qui n'ont pas plus de raison que des enfants; et j'espère bien que vous ferez des efforts pour ne jamais être de ces grandes personnes-là.

FIN.

NOTES

AJOUTÉES AU VOLUME.

Page 10. — Quelques savants de notre époque ne trouvent pas de preuves suffisantes à l'existence d'un feu central, et ils expliquent l'origine des volcans par des foyers de chaleur qui se seraient formés çà et là dans la terre, aux lieux où sont les volcans que nous connaissons.

Page 53. — Les premiers soins à donner à une personne qui aurait respiré de l'acide carbonique ou de l'oxyde de carbone, seraient de la mettre à l'air pur, et de lui cingler le visage ainsi que la poitrine avec de l'eau froide.

Page 140. — C'est un grand verre à pied dans lequel s'adapte un siphon. La petite branche de ce siphon s'ouvre dans le fond du verre, et la longue branche descend dans le pied qui est creux. La cavité du pied ne communique avec l'intérieur du verre que par cette longue branche du siphon. On peut donc verser de l'eau dans le verre sans que cette eau passe dans le pied, tant que le niveau de l'eau n'atteint pas le sommet du siphon. Mais dès que l'on fait atteindre à l'eau ce sommet, soit en en mettant une quantité suffisante, soit simplement parce que l'on penche le verre pour boire, aussitôt le siphon s'amorce, et l'eau fuit dans le pied.

TABLE

CHAPITRE XII.

La Pesanteur.

(Suite.)

CHAPITRE XIII.

La Pesanteur.

(Suite.)

CENTRE DE GRAVITÉ.

CHAPITRE XIV.

La Pesanteur.

(Suite.)

CHAPITRE XV.

La Force centrifuge.

CHAPITRE XVI.

La Lune.

CHAPITRE XVII.

Les Éclipses.

CHAPITRE XVIII.

L'Infini.

CHAPITRE XXVII.

Pression atmosphérique.

BAROMÈTRES.

CHAPITRE XXVIII.

Pression atmosphérique.

(Suite.)

CHAPITRE XXIX.

Pression atmosphérique.

(Suite.)

CHAPITRE XXX.

Pression atmosphérique.

(Suite.)

CHAPITRE XXXI.

Pression atmosphérique.

(Suite.)

CHAPITRE XXXII.

Acoustique.

CHAPITRE XL.

Chaleur.

(Suite.)

CHAPITRE XLI.

Chaleur.

(Suite.)

HYGROMÉTRIE.

CHAPITRE XLII.

Chaleur et Lumière.

UN RAYON DE SOLEIL.

FIN DE LA TABLE.

CORBEIL. Typ. et stér. CRÉTÉ